玛湖凹陷风城组喷发—沉积环境研究

靳 军 雷海艳 郭 佩 周基贤 戴朝成 等著

石油工业出版社

内 容 提 要

本书是在玛页 1 井及其他探井风城组岩心观测的基础上，密集取样后进行不同精度的岩矿学鉴定分析和各类地球化学测试，以分析玛湖凹陷风城组岩矿学特征、岩相组合及展布特征以及成岩演化特征，厘清典型矿物的成因类型，进而恢复风城组不同时期的喷发—沉积环境，评价与预测碱湖页岩油有利储层的分布，最终建立玛页 1 井铁柱子。

本书可供从事油气地质勘探方向研究人员使用，也可作为高等院校相关专业师生参考用书。

图书在版编目（CIP）数据

玛湖凹陷风城组喷发—沉积环境研究 / 靳军等著

.—北京：石油工业出版社，2023.1

ISBN 978-7-5183-5917-2

Ⅰ. ①玛… Ⅱ. ①靳… Ⅲ. ①准噶尔盆地 – 断裂带 –二叠纪 – 沉积体系 – 研究 Ⅳ. ① P618.130.2

中国国家版本馆 CIP 数据核字（2023）第 040356 号

出版发行：石油工业出版社
　　　　　（北京安定门外安华里 2 区 1 号　　100011）
　　　　　网　　址：www.petropub.com
　　　　　编辑部：（010）64523708
　　　　　图书营销中心：（010）64523633
经　　销：全国新华书店
印　　刷：北京中石油彩色印刷有限责任公司

2023 年 1 月第 1 版　2023 年 1 月第 1 次印刷
787×1092 毫米　开本：1/16　印张：11.25
字数：280 千字

定价：120.00 元
（如出现印装质量问题，我社图书营销中心负责调换）

《玛湖凹陷风城组喷发—沉积环境研究》撰写组

组　　长：靳　军

副 组 长：雷海艳　郭　佩　周基贤　戴朝成

撰写人员：王　剑　刘向军　孟　颖　陈　俊　周　妮

　　　　　齐　婧　陈锐兵　刘　明　连丽霞　张锡新

　　　　　李长根　尚　玲　鲁　锋　郑　雨　谢礼科

　　　　　蒋　欢　杨红霞

前言

准噶尔盆地西北部玛湖凹陷上古生界风城组具有良好的勘探前景与巨大的资源潜力，是盆地下一步油气增产上储的重要战略接替新领域。玛湖凹陷风城组具有陆源碎屑、火山碎屑及碳酸盐岩—蒸发岩混合沉积成岩的特征，形成了多种类型的岩石，包括扇三角洲沉积体系的砂砾岩，湖相沉积体系的细粒沉积岩，以及由火山喷发形成的火山岩和火山碎屑岩。独特的古老碱湖沉积背景、复杂的岩矿特征、丰富的石油储量使得玛湖凹陷风城组成为当下研究的热点。

虽然已有很多钻探井在玛湖凹陷风城组取心，但大都仅在"甜点"区或有利储层发育区零星取心。2018 年，在勘探程度较低的北斜坡区部署玛页 1 井，针对油气显示较好的细粒白云质岩段，进行直井多级分层压裂后试油，最高日产油为 50.6m³，显示出风城组页岩油具有良好的勘探开发前景。玛页 1 井的成功钻探和风城组的大规模取心为玛湖凹陷风城组沉积环境、岩矿组合及成岩演化等研究提供了有利的研究基础。本书是在玛页 1 井及其他探井风城组岩心观测的基础上，经密集取样，而后进行不同精度的岩矿学鉴定分析和各类地球化学测试，以分析玛湖凹陷风城组岩矿学特征、岩相组合及展布特征以及成岩演化特征，厘清典型矿物的成因类型，进而恢复风城组不同时期的喷发—沉积环境，评价与预测碱湖页岩油有利储层的分布，最终建立玛页 1 井铁柱子。

本书分为七章，第一章是简单介绍玛湖凹陷风城组沉积时的区域构造背景、火山及古地热背景、沉积背景以及风城组地层特征。第二章是依托岩心、显微镜及扫描电镜观测等手段介绍风城组长英质泥页岩、云质岩、燧石岩等不同岩相的矿物学特征。第三章是分析玛湖凹陷风城组不同岩相组合特征和空间分布规律及主要成岩作用类型、成岩演化和孔隙演化特征。第四章是借助碳、氧、锶、镁同位素等地球化学测试分析碱盐、白云石、燧石及硅硼钠石的地球化学特征以及其成因，恢复风城组不同时期的沉积环境演化特征，同时探讨古气候、古火山等对风城组沉积的影响。第五章是分析风城组岩石储集空间、物性等特征，归纳总结储层发育的控制因素，并对页岩油储层进行评价和预测。

第六章是在玛页 1 井风城组岩性组合、沉积环境、有机地球化学特征研究的基础上，通过岩性、电性、物性、含油性的相互耦合，建立玛页 1 井铁柱子。第七章是针对上述章节研究认识的归纳和总结。

碱湖沉积在地质历史时期数量稀少，却因蕴含丰富的碱矿、油气等资源而具有很大的研究价值。本书以上古生界风城组古老碱湖沉积为研究对象，可为国内乃至世界上其他碱湖沉积特别是古老碱湖沉积的研究提供有利参考。

由于笔者研究经验有限，难免出现疏漏和不当之处，敬请批评指正和谅解！

目录

第一章 区域地质概况

第一节 区域构造背景

准噶尔盆地位于中国新疆维吾尔自治区的北部，总面积为 $1.3×10^5km^3$。该盆地属于上古生界、中生界、新生界的叠合盆地，西北部紧邻哈萨克斯坦古构造板块，东北部紧邻西伯利亚古构造板块，南部紧邻塔里木古构造板块，地理位置上位于三大古构造板块的交会处（图 1-1-1）。该盆地形态近似三角形，最早的地层形成于新元古代的早期，之后在大陆岩石圈板块的基地之上，经历了古生代以来的多次板块间的碰撞和开合，最后焊接而成现在具三角形态的准噶尔盆地。盆地周围为被克拉美丽山、依林黑比尔根山、扎伊尔山、哈拉阿拉特山、德伦山等多个山脉所环绕。该盆地先后经历了晚古生代海西运动、中生代印支运动和燕山运动及新生代喜马拉雅等多期构造运动。

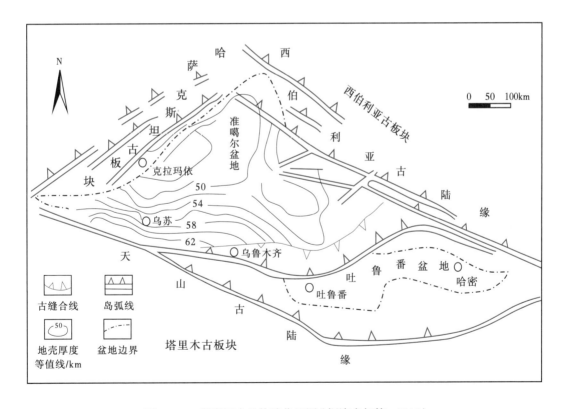

图 1-1-1 研究区大地构造位置图（据许多年等，2007）

一、构造特征

在石炭纪晚期—二叠纪早期阶段，板块开始发生碰撞，准噶尔地块三面受到挤压。在整体挤压的环境下，沉积于海盆的原始沉积物开始造山运动，此时盆地西北缘全面结束了大洋的发展阶段，开始了陆陆作用阶段，所以在盆地周围形成了一系列冲断推覆构造，即周缘褶皱山系。盆地西北缘受到挤压，盆地内部上地幔物质上拱，伴随着岩浆的喷发，导致盆地周围岩石圈挠曲下陷，在乌尔禾地区发育了周缘前陆盆地（陈书平等，2001）。冯建伟（2008）通过对乌—夏断裂带断层生长指数分析和深层地震分析指出在石炭纪晚期—二叠纪早期，准噶尔盆地西部地区处于前陆盆地早期发育阶段，处于一种弱挤压夹短暂松弛的非典型前陆盆地环境。来自地壳深部的洋壳俯冲、消减运动，岩浆活动一直持续到中—晚二叠世才趋于停止，陆壳才迎来了稳定的发展阶段。

根据前人对乌尔禾地区（图1-1-2a）的研究，由于研究区在石炭纪晚期—二叠纪早期阶段发生频繁的构造运动，在研究区域内发育较多的断裂带。这些断裂带规模大，延伸长，且形成的时间较早，可贯穿于整个二叠系。在这些大的断裂带附近也伴生了一系列的次生断裂，这些断裂带为深部流体的运移和油气的遮挡提供了良好的通道，同时在这些断裂带发育的位置也是盐类矿物的主要富集区。由此可见，盐类矿物的富集与盆地内的构造运动息息相关。

这些复杂断裂带主要是盆地受到逆冲推覆作用下形成的。准噶尔盆地周缘山区主要发育两条呈北东向走滑断裂，分别为达拉布特断裂和巴尔克雷断裂。在准噶尔盆地西北缘，主要发育两条呈北东—南西向展布的断裂带，分别为克百断裂带和乌夏断裂带。乌夏断裂带主要受达尔布特断裂的控制，西北缘发育有35条较大的断层，且绝大多数为逆冲断层，如乌兰林格断裂、夏红北断裂；同时大的断裂带附近常伴生一系列小的次级断裂，如西百乌断裂、乌南断裂、乌尔禾断裂、风2井断裂、风南3井断裂及乌27井断裂等，达尔布特深大断裂断控制和影响着这些次级断裂的形成和发育。区域及研究区内各断裂特征如下（图1-1-2b）：

（1）乌兰林格断裂：在石炭纪末期形成，是大型逆掩推覆作用下形成的断裂。此断裂在西段区域呈东西走向，向东展布时改为北东东走向，倾向正北，倾角在断裂带的前部较陡，中部平缓，尾部较缓。该断裂形成较长滑脱面发育于二叠系。

（2）西百乌断裂、百乌断裂：两者具有相似性。百乌断裂位于西百乌断裂的前缘，两者都位于研究区最北面。西百乌断裂、百乌断裂都属于逆掩断裂，走向北东，倾向北西。在二叠纪这两条断裂具从弱到强再减弱的活动趋势。

（3）乌南断裂：位于乌尔禾背斜的北翼，风城背斜的南翼。该断裂为北东—南西走向，倾向北西，前端主要呈逆冲断裂的形式，后端属于顺层滑脱型，风城组沉积中期之前该断裂活动均较强（图1-1-2c）。

（4）风南3井断裂：位于研究区的东北部，是一条逆断裂，走向北东，倾向北西。该断裂在研究区活动趋势具从强到弱再到强的特征，也是生长指数最大的断裂。

（5）乌尔禾断裂：是一条逆断裂，西段呈近东西走向、东段北东走向，具北北西倾向。该断裂西段呈犁型，东段近似呈直线型，该特征反映了自二叠纪以后东部的构造活动。

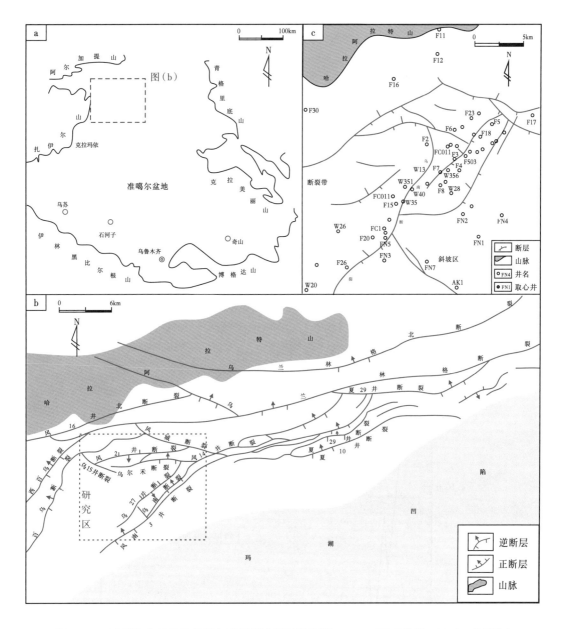

图 1-1-2　准噶尔盆地构造及地理位置图（据冯建伟等，2008；孙玉善等，2011，有修改）

二、研究区构造沉降特征

Von Bubnoff（1954）首次提出沉降曲线这个概念，随着概念的提出，在对盆地构造分析方面得到广泛的应用。盆地内沉积构造特征研究主要是借助沉降曲线来进行的，沉降曲线是对盆地形成和演化的沉积记录，可反映盆地的形成机制及发展特征。通过沉降曲线的分析，可对不同地质时期造山带发生的逆冲推覆运动进行还原，对古构造带上发生推覆构造运动的演化过程具有重要意义。同时还可以对盆地构造演化阶段进行定量和半定量的分析，了解盆地沉降驱动力的性质，有助于盆地的成因模型的建立（冯建伟等，2019）。

前人在对研究区构造及沉积背景的基础上，综合地质分层、岩性、测井、沉积相等资料的研究，经过地层剥蚀量的恢复，地层的压实、古水深和湖平面变化的矫正，最终采用模拟软件 BasinMod 绘制了准噶尔盆地乌夏冲断带内不同区域的沉积盖层埋藏史图和构造沉降曲线，以风南 1 井为例绘制沉降曲线图（图 1-1-3）（冯建伟等，2019）。

分析乌夏冲断带从二叠纪到白垩纪的沉积史曲线，总的来看构造沉降曲线和总的沉降曲线在大的趋势上保持一致。明显分为三个沉积阶段：阶段一，在二叠纪沉降速率最快，沉降量是最大的，在二叠纪早期研究区处于前陆盆地早期沉积演化阶段，地壳相对厚度较薄，更容易受到构造运动的影响；阶段二，从三叠纪开始沉降速率开始减慢，三叠纪陆内不断地发生构造挤压运动，但三叠纪的地壳厚度已变大，地壳在面对相同的负荷压力下的构造挤压，挠曲程度相对减小；阶段三，侏罗纪到白垩纪沉降速率和沉降幅度变得更为缓慢，反映的是以震荡运动为主的陆内盆地逐渐被充填的特征。无论是从构造曲线还是沉降曲线的变化来看，二叠纪的中晚期较二叠纪早期沉降曲线呈指数大幅地递减，反映了二叠纪早期强烈的洋壳俯冲运动和哈拉阿拉特山体的隆起，产生的巨大的负荷作用直接作用于盆地的基地之上，所以导致了前陆盆地发生快速的挠曲沉降，使其具有较快的沉降速率。同时表明，在早二叠世时期，乌夏地区处于一种弱挤压或者伸展状态的裂陷盆地阶段，一直到中二叠世早期发生向前陆盆地性质的转变。

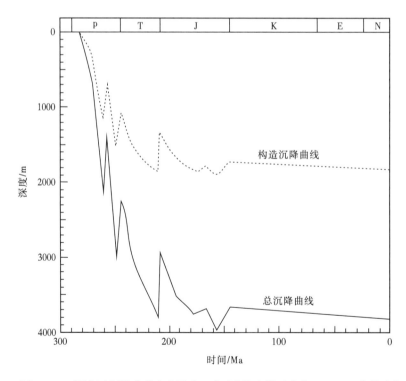

图 1-1-3　研究区沉降曲线（以风南 1 井为例）（据冯建伟，2008，有修改）

第二节 火山活动特征

准噶尔盆地在二叠纪早期正处于前陆盆地发展的初期，当时处于一种弱挤压中间伴随着短暂松弛的构造应力环境，构造运动往往伴随着火山的活动。研究区域内早二叠世时期，在乌夏地区局部出现火山的运动。在佳木河组早期和中期沉积阶段，乌夏断裂带的火山活动主要是以中心式的形式喷发，岩浆沿着火山口上涌爆发，有时也会存在爆发和溢流的交错，在佳木河组沉积晚期阶段，伴随构造运动强度减弱，火山活动也逐渐进入了间歇期。在地震剖面上也有明显反映，佳木河组沉积早—中期，火山活动强烈，火山通道相和爆发相在剖面上发射较杂乱，呈现中等偏弱的振幅，而溢流相具有连续的反射，且振幅较强，火山通道与其周围的火山岩具有明显的界面标志，使整个火山体呈现丘状。当到佳木河组沉积晚期阶段，火山活动变弱，地震剖面整体上较连续，且大多呈现中等振幅或者是弱振幅。在风城组沉积早期阶段，继承了先前构造运动特征，逆冲断裂运动进一步加剧，来自深部地壳的岩浆沿着早期发育的断裂带再次喷出，并且利用先前呈中心式喷发的火山口，进行裂隙式的喷发，在地震剖面上波谷具有强振幅的特征（图 1-2-1）。总结来看，佳木河组沉积早期和中期火山活动以中心式喷发，风城组沉积期以裂隙式喷发为主，根据其地球物理学特征，在研究区和其周围识别了多个火山口（图 1-2-2）（高斌，2013）。

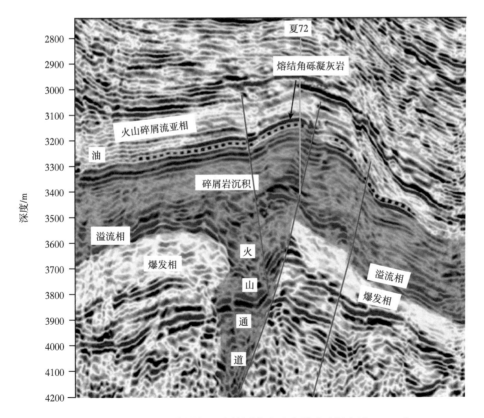

图 1-2-1 早二叠世研究区及外围火山喷发模式（据高斌，2013）

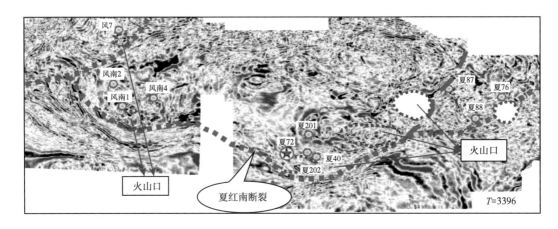

图 1-2-2　早二叠世研究区及外围火山口分布图（据高斌，2013）

准噶尔盆地西北缘在早二叠世处于前陆盆地早期发育阶段，冯建伟（2008）根据研究区域内岩性的不同组合、矿物含量的比例差异及岩石不同的构造特征，将乌夏地区火山作用大致划分了 5 个喷发期共 15 个喷发旋回。佳木河组主要发育暗色的火山岩，佳木河组对应了早期的前 4 个喷发期共 11 个喷发旋回，风城组下端对应于最后 1 个喷发期共 4 个喷发旋回，同时也标志着火山喷发作用即将结束。根据研究区域火山岩的平面展布和火山活动喷发旋回的划分，确定了早二叠世火山喷发活动主要发育于乌兰林格断裂带、夏红南断裂带和乌南断裂带附近。

研究区域内下二叠统的岩浆岩的岩性主要包括玄武岩、安山岩、凝灰岩、熔结角砾凝灰岩和沉凝灰岩等。佳木河组的岩浆岩主要为深灰色安山岩和灰黑色玄武岩，普遍发育在夏子街地区；风城组火山岩主要为灰色—深灰色的凝灰岩、灰色沉凝灰岩和浅灰色—灰色熔结角砾凝灰岩，火山熔岩较少，风城组的火山岩常与正常沉积的陆源碎屑岩成分混杂，空间上受该区域断层的影响，整体上沿北东—南西向分布。

第三节　古地热特征

对于盆地的构造—古地热特征的研究，能够很好地揭示不同历史时期、不同演化阶段地温场的特点。同时也能对特殊的演化时期、特殊的动力学机制和构造属性进行约束。准噶尔盆地是由弧后盆地演化形成的前陆盆地，在石炭纪晚期和二叠纪早期，地壳内部发生拉张活动，由于拉张应力作用在盆地中部的广大区域形成了规模较大的拉张裂谷，来源于上地幔物质上拱，岩浆也沿着火山口和断裂带喷发；同时准噶尔盆地周缘板块之间发生碰撞，导致山脉隆起，在造山带前缘发生压陷作用形成山前凹陷，来自盆地周缘的物质快速地在凹陷区域快速发生沉降作用形成了前陆盆地，因此在准噶尔地区从石炭纪晚期到二叠纪早期这一阶段属于构造运动和热事件最强烈的时期（刘国壁等，1992；陈业全等，2004）。

周中毅等（1989）使用镜质组反射率、流体包裹体显微测温及磷灰石裂变径迹等方法研究准噶尔盆地石炭纪至新近纪的古地温特征（图 1-3-1）。结果显示，石炭纪火山活动及构造运动频繁，引起岩浆岩大量的喷发，导致该时期具有较高的地热流，古地温梯度达到 8~5℃/100m，从二叠纪到三叠纪末，随着板块之间的构造运动减弱，火山活动也进入了间歇期，地热流开始逐渐降低，地温梯度相对于石炭纪也开始降低，达 5~3℃/100m，从侏罗纪到古近纪盆地基本上处于稳定发展阶段，构造运动和岩浆活动基本停止，古地温梯度稳定在 3~2℃/100m。在区域地质作用的影响下，准噶尔盆地由石炭纪—二叠纪的"热盆"到新生代演化为典型的"冷盆"。

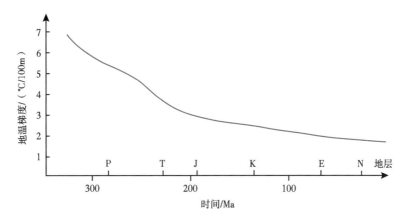

图 1-3-1　准噶尔盆地古地温（梯度）演化示意图（据周中毅，1989）

近些年也有多位学者针对二叠纪以来的热史进行研究，例如：饶松等（2018）总结前人对准噶尔盆地古地温研究，在此基础之上结合古地温梯度和古热流，对二叠纪以来热史进行了恢复。研究发现，准噶尔盆地自早二叠世开始热流呈现出持续降低的演化趋势，在二叠纪，盆地热流值整体都偏高，区域内一大部分钻井的古热流值达到 75~85mW/m²；研究还发现存在了古热流值超过了 100mW/m² 的钻井；中生代—新生代之后，热流值逐渐、持续降低，直至现今热流值趋于稳定达 42.5mW/m²。在二叠纪早期和中期，中央坳陷和南部坳陷是热流值最高的区域，盆地的西北缘及南缘地区地温梯度较低。准噶尔盆地具深层、多期次、复杂的热史特点。

第四节　碱湖沉积环境

关于玛湖凹陷风城组的沉积环境研究，学术界存在很多争议。从 20 世纪 80 年代至今，人们对风城组沉积环境的认识也逐渐达成共识。玛湖凹陷风城组发育厚层的碱盐和优质烃源岩，这一沉积特征与美国绿河组碱湖沉积和现代碱湖沉积特征十分相似，因此相继有学者提出玛湖凹陷风城组为碱湖沉积的观点（曹剑等，2015；秦志军等，2016；余宽宏等，2016a；汪梦诗等，2018；张志杰等，2018）。

碱性湖泊的 pH 值通常在 9~12 之间，$HCO_3^-+CO_3^{2-}$ 相比 $Mg^{2+}+Ca^{2+}$ 更加富集，盐度高者又称苏打湖（soda lake）。一般来说，碱湖是陆地盆地内、干旱或半干旱地区在蒸发作用下形成或目前正在形成，部分卤水由地表溪流和热泉提供，周围有丰富的富含钠的火山物质和岩浆岩。尽管世界各地的干旱地区都存在现代碱性湖泊，但主要的碳酸钠盐湖分布在东非大裂谷系。热液活动和泉水在微生物有机质的早期成熟和蒸发岩矿物的形成中起着重要作用。在盐湖的扩张期间积累的油页岩与天然碱交替出现。此外，包括自生硅酸盐在内的非蒸发岩矿物也在火山碎屑岩地形的碱性湖泊中形成，已知有 20 多种含钠蒸发岩矿物，包括碳酸盐、氯化物、硫酸盐、硼酸盐和硼硅酸盐。

在前人研究的基础上，结合本文中对硅硼钠石岩石学的研究证明，准噶尔盆地玛湖凹陷风城组沉积期，湖盆发生不同程度的咸化，发育大量的盐类矿物，硅硼钠石矿物与碳酸盐矿物具有复杂的共生关系。盐类矿物的形成要求湖盆处于相对闭塞的环境，盆地周缘的物质才能够在湖盆中不断富集，蒸发量大于补给量才能形成盐类矿物层，碱湖环境完全符合盐类矿物形成沉积环境。多种元素、化合物在碱性水体习性发生改变，硅质在碱性水体中溶解度大，铝硅酸盐易发生水解，Ca^{2+} 迅速发生沉降，碱性湖泊可促进硅硼酸盐及碳酸盐矿物的形成。

硅硼钠石与火山热液活动密切相关，通常发育于火山口及断裂带附近。一方面，深部热液在上涌的过程中会发生水岩反应，为湖盆带入碱性成分，促进碱湖的形成；另一方面，由于热液的注入，为水体注入高矿化度的流体，N、P 等重要的养料，热量及大量过渡重金属元素（催化剂）加速了有机质生烃。（Hernández et al.，2015；李红等，2017；汪梦诗等，2018；张志杰等，2018）。现代和古代的硼酸盐沉积矿床一般位于火山热液流补给的地层中（Barker et al.，1985；Alonso，1991；Helvaci，1995；Smith et al.，1996；Helvaci et al.，1998；Tanner，2002）。综上研究证明硅硼钠石形成于火山—碱湖蒸发环境中。

第五节　地层特征

研究区所在的乌夏断裂带地层发育较全（表 1-5-1），从底部至顶部依次为：石炭系太勒古拉组，岩性主要为玄武岩和安山岩；下二叠统的佳木河组和风城组，佳木河组岩性主要为凝灰质碎屑岩及火山岩，风城组为暗色的白云岩、凝灰岩、粉砂岩等；中二叠统的夏子街组，主要为砾岩和砂岩；上二叠统的乌尔禾组，为灰色的泥岩和砂砾岩；下三叠统的百口泉组，以砂砾岩为主；中三叠统的克下组和克上组，以砾岩和泥岩为主；上三叠统白碱滩组，主要发育碳质泥岩；下侏罗统八道湾组，主要发育粉砂岩和砂质砾岩；中侏罗统三工河组、西山窑组、头屯河组，分别发育粉砂岩、泥质砂岩、砂岩和泥岩互层；上侏罗统齐古组，主要发育泥岩、泥质粉砂岩；白垩系吐谷鲁群，主要发育含砾砂质泥岩。通过对研究区地层空间分布特征的研究，发现区域地层中出现较大规模的不整合现象，分别出现在石炭系顶部和二叠系底部，下二叠统风城组和中二叠统夏子街组，三叠系底部与二叠系顶部，侏罗系的底部和三叠系顶部，白垩系底部与侏罗系顶部。（Zhang Yuqian et al.，2011；Yan WenBo et al.，2015）。研究区域内出现较多的不整合的现象，反映了研究区在该阶段出现大规模的沉积间断，也反映了在该阶段构造运动频繁。（陈业全等，2004；冯建伟，2008；蒋宜勤等，2012）。

对研究区域内风南 1 井展开区域地层研究，通过对以风南 1 井为例建立岩心综合柱状图（图 1-5-1），主要表现为两种岩性：白云质凝灰岩和泥质白云岩。两种岩性按照地层的由老到新交替出现。从测井标志上来看，白云质凝灰岩具"中阻中伽马"的电性特征，反映了半深湖的沉积环境；泥质白云岩具"低阻高伽马"的电性特征，也反映了半深湖的沉积环境，研究发现具特殊成因的盐类矿物（碳钠钙石、氯碳钠镁石、碳钠镁石、硅硼钠石等）广泛发育在泥质白云岩及白云质凝灰岩中。对玛湖凹陷风城组地层的研究，地层上按照年代从老到新，凝灰质和盐类矿物向上是逐渐变少的，相对风城组中陆源碎屑的含量呈现逐渐增高的趋势，通过对研究区域地层及岩性特征的综合分析，认为研究区玛湖凹陷风城组沉积期呈现半深湖相—扇三角洲相发育特征。

表1-5-1 研究区地层简表

地层系统			厚度/m	岩性特征	盆地性质
系	统	群/组			
白垩系		吐谷鲁群	100~1200	灰褐色—深灰色或浅黄色含砾砂质泥岩，局部夹泥质砾岩	陆内盆地
侏罗系	上侏罗统	齐古组	0~200	上部为灰色泥岩、粉砂质泥岩及泥质粉砂岩，局部夹细砂岩；中部以褐色细砂岩灰色含砾砂岩、细砂岩，局部为灰色泥岩及砂质泥岩；下部为褐色细砂岩、灰色—灰褐色泥质砂岩	
	中侏罗统	头屯河组	0~150	砂岩和泥岩互层	
		西山窑组	0~150	灰色—深灰色泥质砂岩与粉砂质泥岩不等厚互层	
		三工河组	0~400	上部为灰色—深灰色粉砂质、砂质泥岩夹泥质粉砂岩及泥岩；中部为灰色—浅灰色中—细砂岩夹灰色—深灰色泥岩及粉砂质泥岩；下部为灰绿色泥质砂岩及砂质泥岩不等厚互层	
	下侏罗统	八道湾组	0~400	上部以粉砂岩为主，次为灰色泥岩及浅灰色砂质泥岩；下部为砂质砾岩、粗砂岩、褐色细砂岩及灰色不等粒含砾砂岩	
三叠系	上三叠统	白碱滩组	0~300	上部为灰色碳质泥岩，局部为紫色。中上部为黄色泥岩与砂岩互层，向上过渡为泥岩夹砂岩，中下部为黄色泥岩夹砂岩，下部为黄色泥岩	
	中三叠统	克上组	0~250	下部为粗砂岩与泥岩互层及细砂岩与泥岩互层；中部为泥岩夹细砾岩及粗砂岩，上部为灰白色细砾岩及含砾砂岩	
		克下组	0~200	灰色砾岩夹少量泥岩，中部为灰绿色泥岩及红色含砾泥岩头粗砂岩，上部为红色泥岩及红色粉—细砂岩	
	下三叠统	百口泉组	0~230	岩性主要为岩屑含量较高的砂砾岩、含砾中—粗砂岩、细砂岩及泥岩。岩屑中岩浆岩岩屑含量较高，为主要成分	
二叠系	上二叠统	乌尔禾组	0~1200	灰色、褐色泥岩及灰绿色、灰色砾状砂岩	前陆盆地
	中二叠统	夏子街组	600~1200	岩性以砾岩和砂岩为主，砾岩居多，夹有少量砂质泥岩及白云岩，砾岩中的砾石以砂岩居多，次为凝灰质砾岩，砂岩以细砂岩和云质粉砂岩为主，砂岩以岩屑砂岩为主，见少量长石岩屑砂岩，岩屑以岩浆岩岩屑居多	
	下二叠统	风城组	0~1400	灰色、深灰色白云岩、泥岩、粉砂岩、云化泥岩、云化粉砂岩、泥质云岩、粉砂质云岩，局部夹凝灰岩	
		佳木河组	800~3000	海陆交互相和火山岩相的杂色砾岩，紫灰色、棕红色、灰绿色的凝灰质碎屑岩及火山岩	
石炭系		太勒古拉组		玄武岩及安山岩	

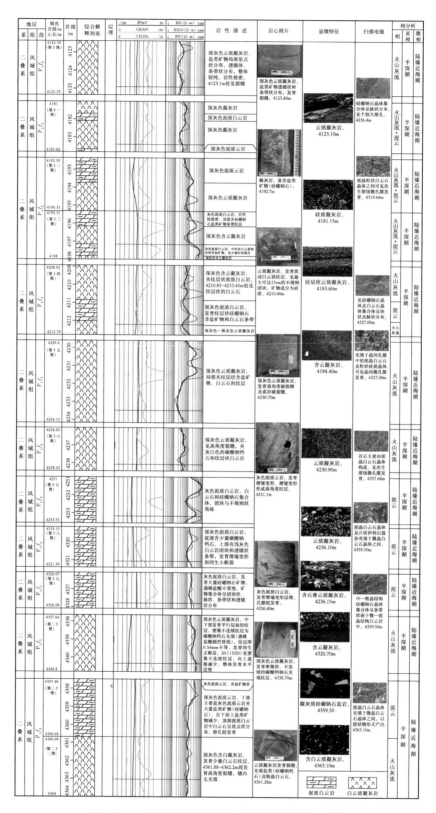

图 1-5-1　玛湖凹陷风城组综合柱状图（风南 1 井）

根据岩心观察及描述，风城组整合接触于佳木河组之上。风城组厚达 800~1800m，整体呈现出西南厚、东北薄的发育特征。风城组自下而上可划分为风城组一段、风城组二段、风城组三段。风城组一段（P_1f_1），早期火山活动频繁，岩石整体颜色较暗，底部以火山碎屑岩为主，向上发育深灰色或灰色白云质凝灰岩和含白云质泥岩、含盐类矿物的泥岩互层；风城组二段（P_1f_2），部分钻井发育厚层碱矿，岩石整体为暗色的含白云质泥岩，中间偶尔夹薄层的白云质粉砂岩，该段中硅硼钠石矿物最为发育（条带状、斑点状，局部区域条带过于密集发育硅硼钠石盐岩）；风城组三段（P_1f_3）整体来看上下部岩性存在很大差异，下部地层以发育深灰色泥质白云岩、灰色粉砂质白云岩为主，向上陆源碎屑的含量逐渐增多，白云质和泥质含量减少，顶部地层发育灰色砂岩和含白云质粉砂岩，靠近扎伊尔山山脉附近碎屑含量更高，粒度也更大。

第二章　风城组岩石矿物学特征

玛湖凹陷风城组岩石—矿物组成复杂（表2-0-1），主要包括细粒沉积岩、火山岩、砂砾岩和碱盐，以及少量燧石岩和硅硼钠石岩，其中细粒沉积岩中发育大量白云石、方解石和燧石斑点、斑块和团块。其中砂砾岩在玛湖凹陷乌夏地区发育较少，现主要针对其他岩性进行岩石、矿物组合、沉积结构—构造的描述。

表 2-0-1　风城组发育的矿物类型及丰富程度

类型	矿物	英文名	化学式	富集程度[1]
Na–碳酸盐	苏打石	nahcolite	$NaHCO_3$	II
	天然碱	trona	$Na_2CO_3 \cdot NaHCO_3 \cdot 2H_2O$	II
	碳酸氢钠石	wegscheiderite	$Na_2CO_3 \cdot 3NaHCO_3$	II
Mg–Na–碳酸盐	碳钠镁石	eitelite	$Na_2CO_3 \cdot MgCO_3$	II
	氯碳钠镁石	northupite	$Na_2CO_3 \cdot MgCO_3 \cdot NaCl$	II
	磷碳镁钠石	bradleyite	$Na_3PO_4 \cdot MgCO_3$	IV
Ca–Na–碳酸盐	斜碳钠钙石	gaylussite	$Na_2CO_3 \cdot 2CaCO_3 \cdot 5H_2O$	V
	钙水碱	pirssonite	$Na_2CO_3 \cdot 2CaCO_3 \cdot 2H_2O$	V
	碳钠钙石	shortite	$Na_2CO_3 \cdot 2CaCO_3$	II
Ca–Mg–碳酸盐	白云石	dolomite	$CaCO_3 \cdot MgCO_3$	II
Ca–碳酸盐	方解石	calcite	$CaCO_3$	II
	文石	aragonite	$CaCO_3$	V
其他罕见碳酸盐矿物	菱镁矿	magnesite	$MgCO_3$	IV
	碳酸锶	strontium carbonate	$SrCO_3$	IV
	碳酸钡矿	witherite	$BaCO_3$	IV
	钡方解石	barytocalcite	$CaBa（CO_3）_2$	IV
Mg–黏土矿物	海泡石	sepiolite	$Mg_4Si_6O_{15}（OH）_2 \cdot 6H_2O$	III
	含镁伊利石	Mg–illite	$KAl_2（Si_3Al）O_{10}（OH）_2$	I
	斜绿泥石	clinochlore	$Mg_5Al（AlSi_3）O_{10}（OH）_8$	II
Na–硅酸盐矿物	硅硼钠石	reedmergnerite	$NaBSi_3O_8$	II
	水硅硼钠石	searlesite	$NaBSi_2O_6 \cdot H_2O$	III
	钠长石	albite	$NaAlSi_3O_8$	I

注[1]：丰度划分据Milton（1971）修改：I—普遍存在；II—局部富集；III—局部存在但不富集；IV—局部存在且稀疏；V—曾经富集，但现在已转化

第一节 长英质泥页岩矿物学特征

细粒沉积物是指粒径小于62μm的黏土级和粉砂级沉积物，其成分主要包含黏土矿物、粉砂、碳酸盐、有机质等。以细粒沉积岩的主要组分长英质（粉砂）、黏土和碳酸盐为三端元，以各自含量50%为界分为4大类。玛湖凹陷风城组细粒沉积岩以长英质端元和碳酸盐端元为主。

长英质泥页岩是风城组最主要的岩性，岩心以深灰色为主，其中分散有大量白色、浅灰色的钙质、云质或硅质的条带（图2-1-1a、b）、麻点（＜1mm，图2-1-1c、d）、斑点（1~5mm）、斑块（5~10mm）、团块（＞10mm）等。白云石或以微晶状分散于泥质基质中（图2-1-1e、f），或以亮晶状集合体分散于泥质基质中（图2-1-1c、d）。除钙质、白云质或硅质集合体外，泥页岩基质部分总体呈现纹层状或块状，单偏光镜下呈淡褐黄色或淡棕色尘状物（图2-1-1a、e），正交偏光镜下尘状物整体呈现Ⅰ灰—Ⅰ灰白干涉色，里面弥散分布有大量黄铁矿，不见黏土矿物如伊利石等呈现的Ⅱ干涉色（图2-1-1f）。风城组的长英质矿物明显区别于我国其他盆地泥页岩划分出的长英质端元矿物，前者不具碎屑颗粒形态，呈尘状，而后者主要指粉砂级长石＋石英矿物（董春梅等，2015）。

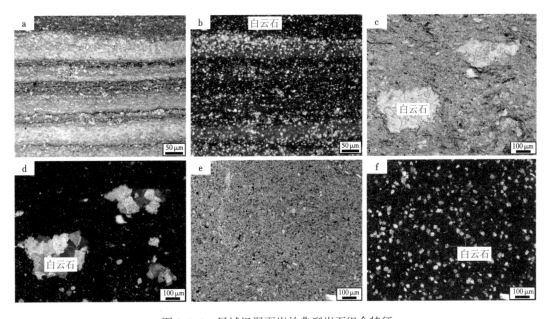

图2-1-1 风城组泥页岩的典型岩石组合特征

a、b——显微层状—微层状白云质泥页岩，玛页1井，4770.43m；c、d——块状含白云石集合体的泥页岩，玛页1井，4767.65m；e、f——块状含分散状白云石的泥页岩，玛页1井，4790.21m

为弄清风城组泥页岩尘状基质部分的主要矿物类型，选取玛湖凹陷某井的28个泥页岩样品进行全岩XRD分析。结果表明，玛湖凹陷风城组泥页岩最显著的特征是黏土矿物较少（表2-1-1），大部分样品的黏土矿物含量仅1%~3%，少数达4%，仅一个样品达到7%（表2-1-1），该样品的白云石含量达到49%。风城组泥页岩的黏土矿物含量远小于我国东部其他湖相泥页岩中的黏土矿物（20%~50%）（图2-1-2）。黏土矿物的主要类型为伊利石和伊/蒙混层。除黏土矿物外，其他硅酸盐矿物主要是钾长石和钠长石，并不含有火山灰早期蚀变的沸石类矿物。风城组泥页岩的石英含量达64%，大部分为20%~40%，平均含量高于其他咸化湖盆的泥页岩。长石总含量在15%~55%之间，大部分在20%~40%之间。碳酸盐矿物在风城组泥页岩中普遍存在，含量在10%~30%之间，以白云石或铁白云石为主，方解石含量普遍小于10%。

表2-1-1　玛湖凹陷风城组泥页岩的主要矿物组成及物性

样品深度 / m	命名	含油情况	黏土矿物总量 / %	常见非黏土矿物含量 /%							孔隙度 / %	渗透率 / mD
				石英	钾长石	斜长石	方解石	白云石	铁白云石	黄铁矿		
4590.07	含云泥页岩	油斑	4	44	6	14			23		8.8	0.033
4595.61	含云泥页岩	油斑	1	15	13	38			23	3	8.2	0.012
4612.31	含云泥页岩	油斑	3	15	24	27	2		14	5	17.7	0.036
4633.85	泥页岩	油浸	1	48		37			5		13.0	0.139
4649.44	含灰含云泥页岩	油斑	2	19	11	31	6		16	3	7.7	0.052
4665.91	含云泥页岩	油斑	2	24	10	28	3		23	3	5.4	< 0.010
4669.63	含云泥页岩	油浸	1	15	14	37			21	5	10.5	< 0.010
4685.52	含云泥页岩	油斑	3	27	7	23	6		19	5	9.6	< 0.010
4690.82	含云泥页岩	油浸	2	39	24	16	3		6		6.7	0.017
4700.76	云质泥页岩	油斑	3	43	6	12		29			9.5	< 0.010
4706.88	含云泥页岩	油斑	2	15	25	28	3		15	5	4.9	0.031
4725.05	云质泥页岩	油斑	1	41	6	13	5		28		5.8	< 0.010
4738.55	含云泥页岩	油斑	3	29	15	29			12	4	5.9	< 0.010
4743.13	含云泥页岩	油斑	3	13	13	27	12		18	6	2.3	0.011
4746.54	含云泥页岩	油浸	3	46	6	15			23		5.3	< 0.010
4753.42	含灰含云泥页岩	油斑	1	51	5	11	10		14		4.0	0.019
4762.81	含云泥页岩	油斑	1	29	19	29			10	3	2.2	< 0.010
4768.09	含云泥页岩	油斑	1	40	14	12	6		15	4	3.7	< 0.010
4786.77	含灰云质泥页岩	油斑	2	34	10	11	5		25	4	10.2	0.014
4786.21	含灰含云泥页岩	油斑	1	24	17	32			6	3	3.3	< 0.010
4794.35	含云泥页岩	油斑	1	32	14	23			16		3.7	< 0.010
4800	云质泥页岩	油迹	4	27	15	10		33		3	5.4	1.39
4809.75	含云泥页岩	油迹	1	64	6	3		20			4.0	< 0.010
4817.94	含云泥页岩	油斑	2	54	6	13			19		4.5	0.087
4823.69	云质泥页岩	油迹	2	35	7	15	3		31		4.3	0.023
4837.61	云质泥页岩	油迹	3	52	9	5		25			4.4	0.793
4845.55	云质泥页岩	油迹	4	31	12	6	6	31		3	4.4	0.011
4853.4	云质泥页岩	油迹	7	22	15			45		4	4.5	< 0.010

风城组泥页岩的X射线粉晶衍射（XRD）结果显示，石英由多种类型SiO₂混合而成（syn-SiO₂）（图2-1-2）。钾长石主要包括微斜长石（microcline）和透长石（sanidine），斜长石主要是钠长石，且含量较纯，以钠长石端元为主，几乎不含Ca成分。值得注意的是，大部分的钾长石和钠长石为无序结构（disordered）（图2-1-2）。在钠长石体系中，矿物形成的温度越高，越无序（Goldsmith et al.，1985），同样，无序钾长石也主要发现于高温体系（> 700℃）中（Goldsmith et al.，1990）。风城组在埋藏过程中并未经历如此高的温度，推测无序的钾长石和钠长石并非高温长石。世界上同样低温无序钠长石和钾长石报道于另

一碱湖页岩中（美国绿河组）（Mackenzie，1957；Martin，1969；Desborough，1975），研究表明钠长石和钾长石与自生和含水 NaOH 的存在有关（Trembath，1973）。

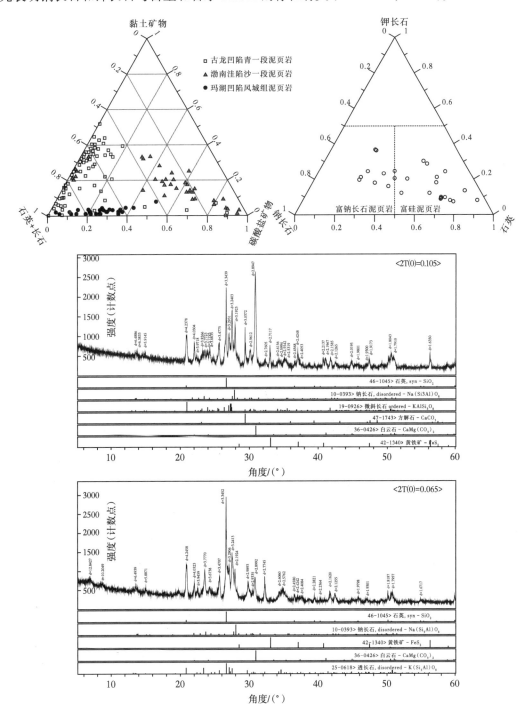

图 2-1-2 风城组泥页岩的 XRD 测试结果

松辽盆地古龙凹陷白垩系青山口组一段的数据来源于柳波等（2018）；

渤南洼陷沙一段泥页岩的数据来源于王冠民等（2018）

精细岩矿学研究发现，风城组浅棕色尘状基质在高倍显微镜下显示为形状不规则、混乱交织的长英质矿物，矿物边界较难界定，其中弥散分布有大量黄铁矿（图2-1-3a、b）。背散射图像显示，上述长英质矿物主要包括石英、钾长石和钠长石，成片分布，颗粒感较弱（图2-1-3c、d），钠长石和钾长石紧密共生，钠长石常常占据钾长石的中心，说明钠长石正在交代钾长石。能谱结果显示钠长石的成分单一，而钾长石常含有一定Na。部分样品中石英含量较高，见交代钠长石和钾长石；部分样品片状基质以钠长石为主，钾长石少见，石英偶见（图2-1-3e、f）。长英质矿物常常围绕陆源重矿物发育（图2-1-3c、d）。

高倍场发射扫描电镜研究发现，玛湖凹陷泥页岩具一定磨圆的碎屑长英质矿物较少，偶见正在溶蚀的钠长石碎屑（图2-1-4a），矿物边缘呈现锯齿状。同时可在镜下发现少量鳞片状伊利石（图2-1-4b），但分布局限。除此之外，在扫描电镜下发现大量钠长石、钾长石和石英颗粒集合体（图2-1-4c–f），单个晶体颗粒几微米到十几微米大小不等，自形较好。长英质矿物发育部位黏土矿物几乎不发育，自形黄铁矿较为发育（图2-1-4d）。

长英质矿物在显微镜下的交织成片以及高精度扫描电镜下的自形程度和集群发育，说明上述泥级长英质矿物并非碎屑成因，而是自生成岩矿物。这种自生长英质矿物不同于砂泥岩中颗粒间的胶结物，而是成片分布，作为主要基质矿物出现。事实上，风城组泥页岩中较少有粉砂级碎屑颗粒，常见细砂级碎屑颗粒，且分散状的粉晶白云石颗粒亦较多（图2-1-1a、b、e、f）。

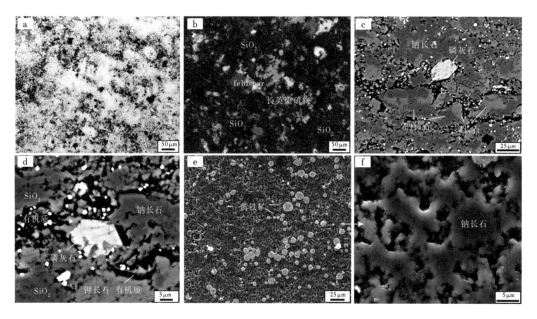

图2-1-3 风城组长英质矿物的赋存状态

a、b——浅褐色尘状物质在高倍显微镜下的特征，以灰—灰白长英质矿物为主，呈交织状态，注意其中弥散分布的大量黄铁矿，玛页1井，4777.28m；c、d——长英质矿物背散射图像，钠长石（偏灰）和钾长石（偏白）的交织分布（矿物已经过能谱确认），关注黄铁矿和有机质的富集情况，风南2井，4038.55m；e、f——长英质矿物二次电子图像，该样品以朵状钠长石为主，玛页1井，4648.92m

图 2-1-4 风城组泥页岩在高倍场发射扫描电子显微镜下的观察

a——正在溶解的泥级钠长石，玛页 1 井，4590.07m；b——少量片状伊利石，玛页 1 井，4649.44m；c——自生钠长石集合体，玛页 1 井，4612.31m；d——自生钾长石集合体，玛页 1 井，4665.91m；e——自生石英集合体，玛页 1 井，4633.85m；f——自生石英集合体，玛页 1 井，4746.54m

第二节　云质岩矿物学特征

云质泥页岩是指碳酸盐端元的泥页岩，碳酸盐矿物以白云石为主，故称为云质泥页岩。玛湖凹陷风城组白云石类型较多，根据聚集程度分为分散型、纹层型、集合体型。

一、分散型白云石（dispersed dolomite）

分散型白云石主要指分散于泥岩和砂岩中的白云石，彼此不聚集呈带或团块（图 2-2-1a、b）。泥岩中白云石主要分散于泥质基质中，砂岩中白云石主要分散于砂岩胶结物中，白云石与石英、长石等颗粒大小相当。分散型白云石大小不一，从泥晶白云石（< 0.01mm）到细晶白云石（0.1~0.25mm）均存在，但单个样品的白云石大小往往较为一致。晶型以半自形为主，呈次棱角状（图 2-2-1c、d），细晶白云石晶型普遍较好，达自形态。分散状白云石富集部位，可见粉砂级长石和石英呈漂浮状分散在白云石基质中（图 2-2-1e、f）。

不同晶体大小的分散状白云石阴极放光特征不同（图 2-2-2）。泥晶级白云石晶体在阴极发光下发暗红色（图 2-2-2a、b），粒径略粗者可见环带。粉晶白云石（0.01~0.1mm）的阴极发光具有分层现象，包含一个亮红色核、黑色内环和暗红色外环（图 2-2-2c、d），代表粉晶白云石经过多期结晶而成，最后一期结晶使部分白云石呈自形。细晶白云石（> 1mm）不发光，或者部分仅含一个暗红色晶核，晶核大小占细晶白云石的约四分之一（图 2-2-2e、f），晶体最大的不规则白云石基本不发光。

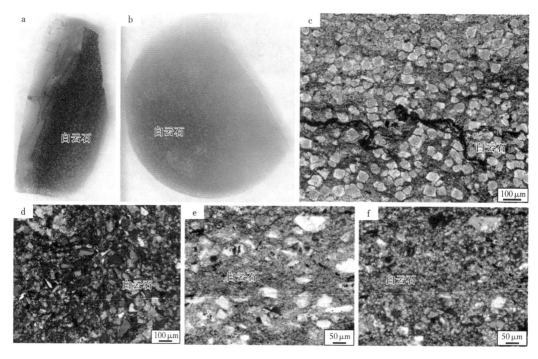

图 2-2-1 风城组分散状白云石产状

a、b——薄片中分散状白云石的产状（a：玛页 1 井，4620.14m；b：玛页 1 井，4671.85m）；c——粗粉晶白云石分散于泥质基质中（玛页 1 井，4789.70 m）；d——细粉晶白云石分散于粉砂岩中（玛页 1 井，4821.51m）；e、f——粉砂颗粒漂浮于泥晶白云石中（玛页 1 井，4776.11 m）

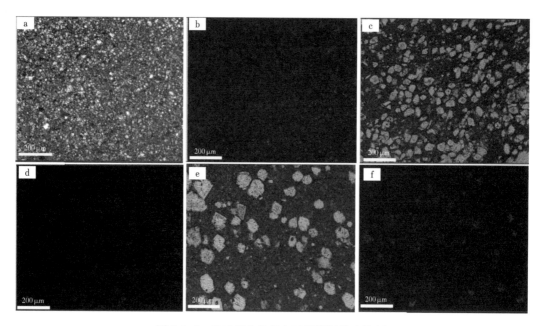

图 2-2-2 风城组分散状白云石阴极发光特征

a、b——泥晶白云石阴极发光情况（玛页 1 井，4634.98m）；c、d——细晶白云石阴极发光情况（玛页 1 井，4731.21m）；e、f——另一类细晶白云石阴极发光情况（玛页 1 井，4671.85m）

二、纹层状白云石

富含纹层状白云石的样品亦富有机质和硅硼钠石，有机质主要以藻纹层的形式出现，硅硼钠石呈蝴蝶状、叶片状、花状等（图 2-2-3a、b）。纹层主要由富白云石层和富长石层组成，其中富白云石层中含有一定量的长石，含量少于白云石，而富长石层亦是如此（图 2-2-4）。纹层状白云石呈他形或者半自形，以粉晶（20~80μm）为主。与分散状白云石不同，纹层状白云石常常与相似大小的钾长石、钠长石混合在一起。白云石既可以分散于藻纹层中，也可分散于非藻纹层中（图 2-2-4）。硅硼钠石亦分散于纹层中，挤压藻纹层，却对白云石和长石纹层并不挤压。说明硅硼钠石矿物生长过程中，直接交代了白云石和钠长石，将难溶的有机质推挤到硅硼钠石矿物前缘。

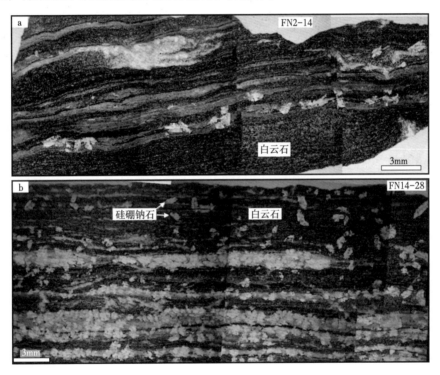

图 2-2-3　风城组纹层状泥质白云岩，含大量蝴蝶状硅硼钠石

a——风南 2 井，4038.35m；b——风南 14 井，4165.14m

三、集合体白云石

在玛湖凹陷风城组细粒沉积岩中，白云石除了以分散状和纹层状形式出现外，集合体亦较为常见。风城组白云石集合体的形状多样，以玛页 1 井为例，包括不规则的三角锥（图 2-2-5a）、斑点（图 2-2-5b）、团块（图 2-2-5c）、虫孔（图 2-2-5d）、条带状（图 2-2-5e、f）、楔状（图 2-2-5e）、透镜状（图 2-2-5f）等。富含白云石集合体的样品，既可不含其他类型白云石（图 2-2-5a-e），也可含有大量分散状白云石（图 2-2-5f、h）。集合体中白云石大小变化较大，从泥晶到细晶均存在，但整体较分散状和纹层状白云石晶体大，晶型好（图 2-2-6）。

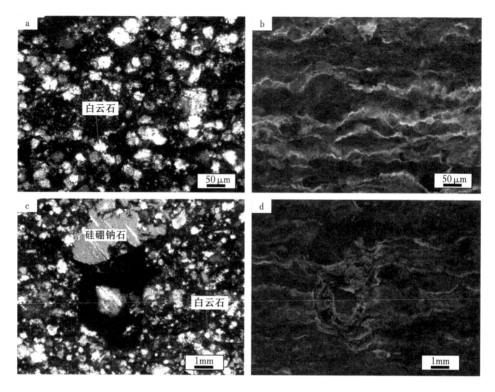

图 2-2-4 风城组纹层状泥质白云岩发育丰富藻纹层

a、b——风南 2 井，4038.35m；c、d——风南 14 井，4165.14m

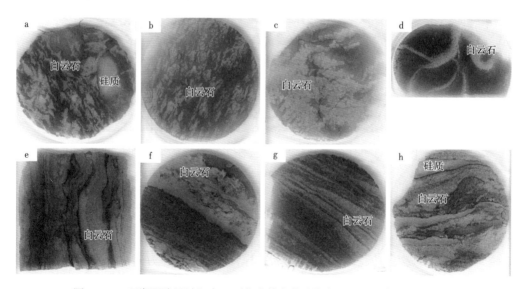

图 2-2-5 玛湖凹陷风城组白云石集合体产状（薄片圆形斑晶直径为 2.5cm）

a——不规则三角状白云石集合体（玛页 1 井，4609.22m）；b——不规则斑块状（5~10mm）白云石集合体（玛页 1 井，4667.11m）；c——团块状（> 10mm）白云石集合体（玛页 1 井，4829.54m）；d——似虫孔状白云石集合体（玛页 1 井，4832.65m）；e——条带状白云石集合体（玛页 1 井，4610.82m）；f——条带—花状白云石集合体（玛页 1 井，4661.24m）；g——白云石尖灭带（玛页 1 井，4692.08m）；h——与硅质条带共存的透镜状白云石集合体（玛页 1 井，4826.67m）

在阴极光照射下，泥晶白云石和细粉晶白云石以暗红色为主（图 2-2-6a）。阴极发光显示，白云石集合体并非以纯白云石为主，含有大量基质物质。细晶白云石主体部分以黄绿色光为主，包含暗红色环带，黄绿色部分显示出菱形极好晶（图 2-2-6b）。晶型更大的集体白云石，除少数包含有较小的暗红色核外，大部分白云石不发光（图 2-2-6c），说明集合体中细晶白云石的形成既可以在原始泥晶白云石和粉晶白云石的基础上重结晶形成，也可以直接结晶而成。

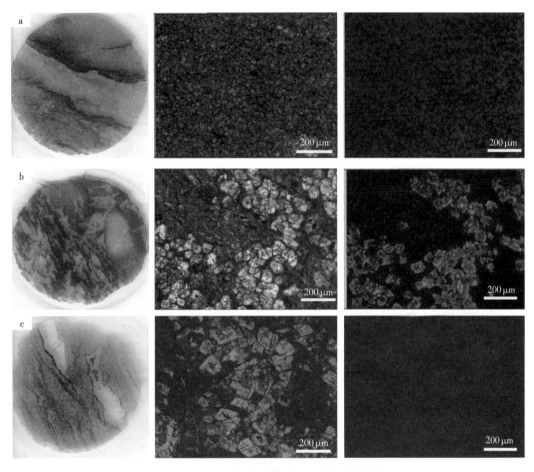

图 2-2-6 风城组集合体白云石阴极发光特征

a——细粉晶白云石条带，发暗红色光（玛页 1 井，4661.24m）；b——半自形细晶白云石，发黄绿色光，含暗红色环带（玛页 1 井，4609.2m）；c——自形细晶白云石，大部分白云石不发光，部分仅局部发暗红色光（玛页 1 井，4748.34m）

第三节 碱盐矿物学特征

碱盐主要指碳酸盐型盐湖中发育的 Na- 碳酸盐，盐度略低时以发育含 Ca-Mg 的 Na- 碳酸盐为主，盐度较高时以发育纯 Na- 碳酸盐为主。我国准噶尔盆地下二叠统风城组的 Na- 碳酸盐以天然碱和碳酸氢钠石为主，含少量苏打石（表 2-3-1），泌阳凹陷始新统核桃园组以天然碱和苏打石为主。

表 2-3-1　玛湖凹陷风城组 Na- 碳酸盐岩特征

分类	矿物	矿物习性	产状	赋存岩性	成因解释
Ca/Mg-Na-碳酸盐	碳钠钙石	斜方晶系，晶体呈楔状或短柱状；二轴负像，2V=75°；折射率 Ng=1.570，Nm=1.555，Np=1.531；干涉色可至三级蓝	分散状自形晶，分散状斑块、团块	云质泥岩	（1）泥页岩在埋藏过程中，孔隙水在压实、过滤中盐度增加，结晶出钙芒硝晶体，挤压周围纹层和沉积物；（2）早期结晶的钙水碱（pirssonite，$Na_2CO_3 \cdot CaCO_3 \cdot 2H_2O$）和斜钠钙石（$Na_2CO_3 \cdot CaCO_3 \cdot 2H_2O$）转化而成
	碳钠镁石	三方晶系，薄片中无色，晶体大者常呈假六边形—一轴晶负光性；折射率 No=1.605，Ne=1.450	分散状自形晶，分散状斑块、团块	泥岩、燧石条带中	泥页岩在埋藏过程中，孔隙水在压实、过滤中盐度增加，结晶出钙芒硝晶体，挤压周围纹层和沉积物
			微薄层状	与泥页岩互层	原始沉积产物
	氯碳镁钠石	等轴晶系，六八面体组。晶体呈八面体、偏方二十四面体。负低突起，N=1.5144	分散状自形晶，团块，不规则形状	泥岩	泥页岩在埋藏过程中，孔隙水在压实、过滤中盐度增加，结晶出氯碳钠镁石晶体
			微薄层状—层状	与泥页岩互层	原始沉积产物，交代碳钠镁石层
	磷碳镁钠石	单斜晶系，晶体细小，常为细粒状块体，二轴晶负光性，2V=50°；Ng=1.560，Nm=1.546，Np=1.487	斑点	泥岩	交代碳钠镁石
Na-碳酸盐	天然碱	单斜晶系，柱状、板状、纤维状，低负突起，Ng=1.540，Nm=1.492，Np=1.412	单个晶体针状、集合体晶簇状、放射状	层状	从高浓度 CO_2 溶液中析出
	苏打石	单斜晶系，柱状、板状，突起高，Ng=1.583，Nm=1.503，Np=1.377	刀片状集合体	层状或呈晶粒状	从高温低浓度 CO_2 溶液中析出
	泡碱	单斜晶系，粒状、柱状，负突起高，Ng=1.440，Nm=1.425，Np=1.405，二级干涉色	粒状、柱状、针状、盐霜状	层状	从低温低浓度 CO_2 溶液中析出
	碳氢钠石	三斜晶系，多为纤维状、针状、柱状，二轴晶负光性，Ng=1.528，Nm=1.519，Np=1.433	纤维状、针状、板状	层状，与天然碱共生	

一、层状纯 Na- 碳酸盐

纯 Na- 碳酸盐主要从湖水中直接结晶而出，同石盐相同，既可生长于湖泊气水界面处，亦可生长于湖泊沉积物表面。生长于湖底沉积物表面的晶体，形成向上、向外生长的"草堆"（图 2-3-1a），由于晶体存在空间竞争关系，单个晶体总是试图占满整个水域，因此"草堆"的规模与湖泊深度有关。在湖泊边缘的水体中，Na- 碳酸盐晶体长为 1~2cm，而在湖泊中心，晶体可达到 2~5cm。生长于湖泊表面的晶体，因湖底表面并不平整，沉降于湖底时晶体一般倾斜于水平面，晶体堆积松散，孔隙度较高。该堆积晶体可进一步成为新晶体的生长着点，发育各个方向的放射状晶体（图 2-2-6b）。在干盐湖阶段，湖泊表面会形成一个碱盐壳，随着壳体的平面扩张，形成向上拱起的帐篷构造，此时沿着翘起的壳表面就会形成向下生长的"草堆"。一般天然碱以针状草堆为主，而苏打石以刀片状草堆为主。不同沉积微相的碱盐细节可进一步参考 Mcnulty（2017）。

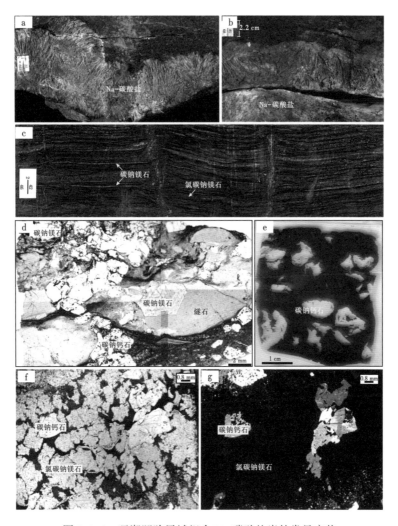

图 2-3-1　玛湖凹陷风城组含 Na 碳酸盐岩的常见产状

a——原生向上生长的草状 Na- 碳酸盐，生长于湖底沉积物表面（风南 5 井，4068.78m）；b——原生各向生长的草状 Na- 碳酸盐，主要生长于干盐湖表面的蒸发岩壳中（风南 5 井，4070.12m）；c——纹层状 Mg-Na- 碳酸盐与泥岩互层，其中层状碳钠镁石是原始沉积产物，氯碳钠镁石是交代碳钠镁石而形成，部分泥岩层亦被氯碳钠镁石胶结（艾克 1 井，5668.89m）；d——燧石中的自形碳钠镁石（假六边形），与 Magadii-type 燧石中的天然碱假晶成因一致（风 20 井，3269.48m）；e——泥岩中的中—粗晶自生成岩碳钠钙石（风南 3 井，4122.67m）；f、g——泥岩中的自生成岩和交代成岩的氯碳钠镁石（氯碳钠镁石全消光；风南 5 井，4072.03m）

二、纹层状 Mg-Na- 碳酸盐

除纯 Na- 碳酸盐可富集成层外，Ca/Mg-Na- 碳酸盐中的碳钠镁石和氯碳钠镁石亦可富集成层。在风一段研究中发现浅色盐层和深色泥岩层（图 2-3-1c），进一步精细的矿物学研究发现，盐层主要由碳钠镁石层和氯碳钠镁石层组成，在岩心上碳钠镁石层颜色偏白，氯碳钠镁石层颜色偏灰。其中氯碳钠镁石层发现大量残留的碳钠镁石，说明氯碳钠镁石层主要是通过交代碳钠镁石而形成，原始沉积岩的纹层主要由碳钠镁石和泥岩间互组成。在美国绿河组的局部地层，亦可发现纯的碳钠镁石层（Dyni，1996）。

三、分散状 Ca/Mg-Na- 碳酸盐

碳钠钙石是泥岩中最常见的碱盐，自形晶和他形晶均发育（图 2-3-1d、e），可见挤压周缘纹层（图 2-3-1e）。碳钠钙石在常温常压下不能直接形成，其主要形成于埋深大于 1000 m、温度大于 55℃ 的地层中，主要交代早期结晶的斜钠钙石（gaylussite，$Na_2CO_3 \cdot CaCO_3 \cdot 2H_2O$）和钙水碱（pirssonite，$Na_2CO_3 \cdot CaCO_3 \cdot 2H_2O$），或者从孔隙水中直接结晶出来（Jagniecki et al.，2013）。风城组除发育纹层状碳钠镁石外，还在泥岩层中发育分散的碳钠镁石斑点、斑块和团块，晶体较大的碳钠镁石易形成假六边形（图 2-3-1d；Pabst，1973）。碳钠镁石发育于燧石结核和条带内，与 Magadi-type 燧石中的碱盐成因一致（Parnell，1986）。氯碳钠镁石除交代碳钠镁石形成纹层外，该矿物在风城组更多以分散状自形晶、他形晶或者不规则形状出现（图 2-3-1f、g）。分散状氯碳钠镁石既可观察到挤压周围物质，亦可观察到交代碳钠钙石。氯碳钠镁石可在常温条件下形成，但该类矿物更多是从孔隙水中结晶而出。

第四节　燧石岩矿物学特征

通过对玛页 1 井风城组系统地岩心描述和薄片观察，总结出风城组燧石岩具有层状、结核状和角砾状等产状（图 2-4-1）。根据晶体大小，将石英分为隐晶石英（< 5μm）、微晶石英（5~20μm）、显晶石英（20~2000μm）和纤维状玉髓。

层状燧石层厚约为 2~7mm，部分呈规则条带状，与云质层互层（图 2-4-1a），岩石明暗相间现象明显，亮色层主要为云质，暗色层主要为硅质。部分燧石层发育大量干裂缝和帐篷状构造，具有明显的"V"字形收缩缝特征（图 2-4-1b）。部分微薄层状燧石层具有明显的软沉积变形现象（图 2-4-1j、k）。层状燧石在显微镜下主要与白云质泥岩和云质岩互层，层状燧石中石英晶体大小不等，隐晶、微晶及显晶石英均存在（图 2-4-1c），且在燧石内部常见分散状白云石晶体（图 2-4-1c），白云石自形较好，具雾心亮边结构，主要为铁白云石。硅质层与云质层具有明显的此消彼长的赋存特征，靠近白云质层方向硅质逐渐减少，白云石逐渐增加，反之亦然。部分层状燧石中含有大量的硅质球体（图 2-4-1l），具有明显的生物特征，分布密集，大小为 5~50μm 不等，部分球体具有明显的同心双层结构。

结核状燧石岩在岩心上表现为蓝灰色的不规则集合体（图 2-4-1g），硅质无规律且不连续分布在云质岩和泥岩中，部分结核体在岩心上连续产出呈不规则条带状，结核体常呈椭球状和不规则状。显微镜下，结核状燧石的石英多呈隐晶状，少部分可见微晶—显晶状（图 2-4-1i），部分燧石内部可见交代残余现象，原交代矿物主要为方解石，经茜素红染色呈红色，方解石主要充填的孔隙呈菱形，可能为碱岩矿物溶解后形成的铸模孔（图 2-4-2a-d），部分燧石中残余有水硅硼钠石（$NaBSi_2O_6 \cdot H_2O$）和硅硼钠石（$NaBSi_3O_8$），成岩交代顺序主要为硅硼钠石交代水硅硼钠石，后期石英同时交代硅硼钠石和水硅硼钠石（图 2-4-2e、f）。

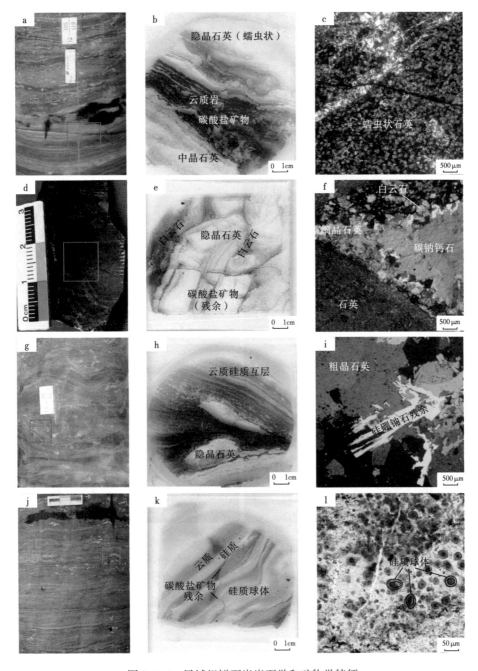

图 2-4-1　风城组燧石岩岩石学和矿物学特征

a——硅质与泥质、白云质呈层状互层，4700.43m；b——薄片扫描照片见硅质层主要由蠕虫状隐晶石英组成，少部分为中晶石英，泥质层含大量方解石，见硅硼钠石交代残余物；c——蠕虫状石英，正交偏光；d——硅质具明显的应力破碎现象，4727.43m；e——薄片扫描照片见硅质主要为隐晶石英，角砾间见方解石交代残余物和白云石集合体，白云石晶形极好；f——角砾主要为隐晶石英，砾间见方解石交代残余物，主要被交代成石英和白云石，正交偏光；g——硅质呈不规则结核状挤压云质泥质条带，4785.73m；h——结核状硅质主要是隐晶石英，云质条带中也见到大量石英晶体；i——石英颗粒交代硅硼钠石，硅硼钠石呈短柱状，一级灰白干涉色，正交偏光；j——硅质与云质呈纹层状互层，岩心上分布斑点状盐类矿物，4811.12m；k——硅质条带具有明显的生物扰动特征，明显的变形现象；l——硅质纹层中具有大量生物椭球体，同心状，圈层明显，单偏光

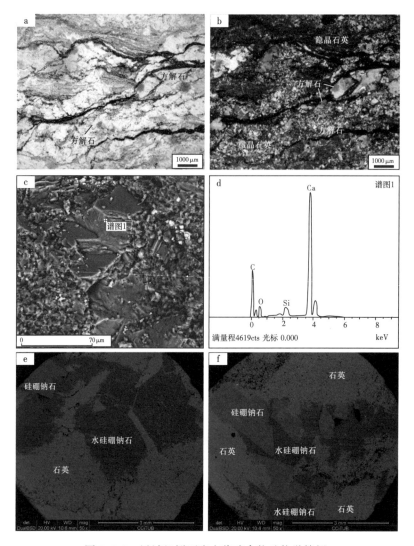

图 2-4-2　风城组燧石岩交代残余物矿物学特征

a、b——隐晶石英交代方解石，玛页 1 井，4847.04m；c、d——隐晶石英交代方解石残余现象，扫描电镜，玛页 1 井，
4725.59m；e、f——隐晶石英交代交代硅硼钠石和水硅硼钠石背散射图像，风南 14 井，4111.56m。

　　角砾状燧石在岩心上分布广泛，宏观上显示为一条完整的燧石条带受外界应力破碎，具有明显的原地碎裂特征，角砾间见云质泥岩充填（图 2-4-1d、e），燧石角砾主要由一些隐晶—微晶石英组成（图 2-4-1f）。

第五节　硅硼钠石矿物学特征

　　观察硅硼钠石岩心，呈无色透明，玻璃光泽，硬度大于 5，与稀盐酸不反应。显观镜下硅硼钠石呈无色透明，干涉色为一级灰白至黄色，粒径为 0.75~3.5mm，晶体常呈楔状、板状，具穿插双晶，既可以呈分散状也可以形成聚集的团簇状和细脉状，具条带状和斑点状构造。单个矿物晶体中常具 X 形或 Y 形生长带，X 形或 Y 形生长带中具尘状包裹物。

通过大量岩心及薄片观察，硅硼钠石主要发育于黑色—灰色白云石化凝灰岩中，产出形式可总结成以下四种：

（1）呈条带状和透镜状夹于灰黑色—灰色白云石化凝灰岩中，有时也呈条带夹于含云泥岩中（图2-5-1a）。条带宽1~20mm。显微镜下硅硼钠石晶体主要呈细脉产出（图2-5-1b），硅硼钠石和白云石关系密切（图2-5-1c）。

图2-5-1 玛湖凹陷风城组硅硼钠石产状和矿物学特征

a——深灰色含凝灰质白云岩，夹硅硼钠钙石集合体，岩心照片，风南1井，4236.40m；b——含云硅硼钠石质凝灰岩，标准薄片，正交光，风南1井，4236.40m；c——含硅硼钠石凝灰岩次生粉—细晶白云岩，标准薄片，正交光，风南1井，4327.4m；d——浅棕色凝灰质白云石质硅硼钠石盐岩，岩心照片，风南3井，4125.8m；e——凝灰质白云石质硅硼钠石盐岩，标准薄片，正交光，风南3井，4125.8m；f——凝灰质白云石质硅硼钠石盐岩，标准薄片，正交光，风南3井，4125.8m；g——含云纹层状凝灰岩、不等粒状硅硼钠石盐岩，岩心照片，风南2井，4102.38m；h——含云纹层状凝灰岩、不等粒状硅硼钠石盐岩，铸体薄片，单偏光，风南2井，4102.38m；i——为h同一视域下正交光照片；j——含凝灰质白云石质硅硼钠石盐岩，岩心照片，风南1井，4327m；k——含凝灰质白云石质硅硼钠石盐岩，白云石交代硅硼钠石（正交光），包裹体片（薄片厚度偏大，导致干涉色偏高），风南1井，4327m；l——含凝灰质白云石质硅硼钠石盐岩，碳钠钙石与硅硼钠石紧密共生，碳钠钙石交代硅硼钠石，包裹体片（薄片厚度偏大，导致干涉色偏高），正交光，风南1井，4327m

（2）硅硼钠石呈斑点状分布在浅棕色凝灰岩中（图2-5-1d），自形程度较高的硅硼钠石晶体均匀的镶嵌在白云岩化凝灰岩中（图2-5-1e、f）。

（3）局部高度富集形成硅硼钠石盐岩（图2-5-1g、j），镜下观察晶体具两种不同的特征：一种自形程度较高，发育有丰富的粒间溶孔（图2-5-1h、i）；另一种，硅硼钠石聚集成团簇状，并与碳酸盐矿物共存（图2-5-1k、l）。

（4）充填裂缝或者粒间空隙

研究区内，和硅硼钠石共存的矿物主要为碳酸盐矿物。通过研究晶体自形程度、晶体间接触关系及消光性质（图2-5-2），同时结合背散射图像（图2-5-3），发现研究区内以硅硼钠石交代碳酸盐矿物为主。主要包括：（1）碳钠钙石（图2-5-2a-c、图2-5-3b）；

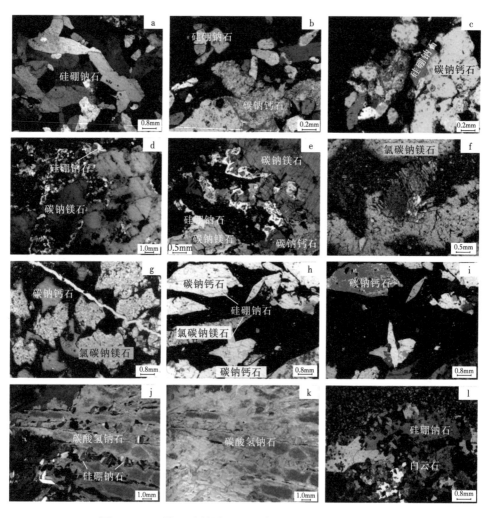

图 2-5-2　玛湖凹陷风城组硅硼钠石与碳酸盐的交代关系

a——含白云石凝灰质硅硼钠石盐岩，标准薄片，正交光，风南1井，4232.8m；b——含闪石硅硼钠石碳钠钙石凝灰岩，标准薄片，正交光，风南5井，4073.32m；c——具盐类矿物斑点含晶屑沉凝灰岩，标准薄片，正交光，风南7井，4595.86m；d——含白云石含硅硼钠石质碳钠镁石盐岩，标准薄片，正交光，风南3井，4128.0m；e——含白云石含硅硼钠石质碳钠镁石盐岩，标准薄片，正交光，风南3井，4128.0m；f——硅硼钠石交代方解石，标准薄片，单偏光，风南1井，4357.52m；g——含碳钠钙石凝灰质氯碳钠镁石盐岩，标准薄片，单偏光，风南5井，4068.95m；h——含氯碳钠镁石碳钠钙石质凝灰岩，标准薄片，单偏光，风南5井，4069.90m；i——为h同一视域下的正交光照片；j——碳酸钠石盐岩，包裹体薄片（薄片较厚，干涉色偏高），正交光，风南5井，4069.90m；k——为j同一视域下的正交光照片；l——含硅硼钠石凝灰质次生粉—细晶白云岩，标准薄片，正交光，风南1井，4327.4m

（2）碳钠镁石，硅硼钠石中常含大量不规则的碳钠钙石和碳钠镁石的残留物（图 2-5-2d、e，图 2-5-3a、c）；（3）方解石，硅硼钠石中具方解石残留（图 2-5-2f）；（4）氯碳钠镁石，硅硼钠石同时穿插碳钠钙石和氯碳钠镁石晶体（图 2-5-2g–i）；（5）天然碱，硅硼钠石主要分布于天然碱的晶体接触处（图 2-5-2j、k）；（6）白云石—铁白云石，在部分样品中硅硼钠石可交代白云石—铁白云石团块（图 2-5-2l）。

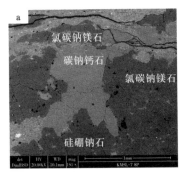 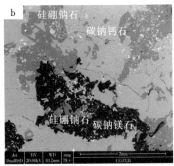 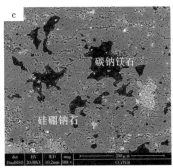

图 2-5-3 硅硼钠石交代其他碳酸盐矿物的背散射图像

a——氯碳钠镁石交代碳钠钙石，硅硼钠石交代碳钠钙石和氯碳钠镁石（硅硼钠石与氯碳钠镁石具有相同的平均原子序数，亮度一致，但硅硼钠石往往呈自形、表面光滑，而氯碳钠镁石表面粗糙），艾克 1 井，5664.65m；b——硅硼钠石呈自形，交代碳钠镁石和碳钠钙石，艾克 1 井，5666.70m；c——硅硼钠石交代碳钠镁石，光学显微镜下残余碳钠镁石具有一致的消光性，风城 011 井，3862.75m

第六节　火山岩矿物学特征

风城组的火山岩在不同地区变化明显，克百地区为玄武粗安岩、碱玄岩，乌夏地区主要为流纹岩，其次为碱玄质响岩和粗安岩。克百地区火山岩以溢流相和爆发相共同发育为特征，溢流相多为上部亚相和中部亚相，爆发相多见喷射降落成因的凝灰岩而少见弹射坠落成因的火山角砾、火山弹（鲜本忠等，2013）。乌夏地区火山岩以爆发相为绝对主体，溢流相分布局限，且为喷发与溢流之间过渡性的喷溢相。目前，仅在旗 8 井中钻遇侵出相隐爆火山角砾熔岩（鲜本忠等，2013）。由此，克百地区风城组火山岩以溢流相为主，爆发相为辅；乌夏地区的风城组火山岩则以爆发相为主、溢流相为辅，尤其是爆发相中占优势的热碎屑流亚相成为乌夏地区火山喷发的重要特征。

玛湖凹陷乌夏地区风城组火山岩岩石类型的划分采用何衍鑫等（2018）的划分方案，该方案充分反映了古地理环境对火山活动的影响。岩石类型有含增生火山砾熔岩、隐爆角砾熔岩、熔结凝灰岩和熔积岩 4 种。

一、含增生火山砾熔岩

含增生火山砾熔岩均发育在旗 8 井和玛东 1 井取心段的上半段，下伏熔结凝灰岩。含增生火山砾熔岩由增生火山砾和熔浆胶结物 2 部分组成。增生火山砾多呈紫红色或浅红色，颜色自下而上逐渐变浅，形状为椭球状—球状，边缘较光滑，含量为 30%~90%。增生火山砾由下至上粒径逐渐减小，表现为正粒序，上部平均粒径为 0.8cm，最大粒径为 1cm，以不接触或点接触为主，含量为 30%~50%；下部平均粒径为 12cm，最大粒径为 18cm，以点—

为线接触为主，含量为 50%~90%。胶结熔浆呈灰色或灰白色，颜色较增生火山砾浅。增生火山砾与胶结熔浆之间的界面清晰，部分增生火山砾可从中分离脱落。玛东 1 井增生火山砾中发育丰富的气孔，孔隙度在 10%~20% 之间，为有利的火山岩储层。气孔被自生石英部分或完全充填，由外往内，石英颗粒粒径越来越大，结晶程度越来越高，晶形越来越好。

镜下观察发现，增生火山砾可以由多个增生火山砾通过聚合作用联结组成，边缘由多层圈层组成（＞10 层），均表明其在形成过程中经历了多期的增生作用。增生火山砾表面发育着明显的铁质氧化壳，呈放射状，表明增生火山砾在形成之后可能遭受一段时期的暴露风化作用。熔浆胶结物表现为 2 层结构：外部具硅质壳，内部为玻璃质；发育明显的珍珠结构，是酸性岩浆遇水急剧冷却的结果。

二、熔结凝灰岩

熔结凝灰岩均发育在玛东 1 井和旗 8 井取心段的下半段，旗 8 井熔结凝灰岩中发育有隐爆角砾熔岩。熔结凝灰岩呈灰白色，熔结强度从下往上逐渐增高，下部为弱熔结凝灰结构，上部为强熔结凝灰结构。塑性岩屑多定向排列，被拉长且棱角较圆滑，呈蝌蚪状。

镜下观察发现，熔结凝灰岩由大量塑性岩屑、晶屑及少量塑性岩屑组成。下部弱熔结凝灰岩中，可见熔结结构和熔结珍珠结构，熔结珍珠结构是塑性碎屑骤冷收缩而成的同心状裂隙结构，沿同心状裂隙绿泥石化严重，假流动构造不发育。上部强熔结凝灰岩塑性玻屑、塑性晶屑和塑性岩屑定向排列明显，是熔结、压结的特点，表现为火山碎屑流的特征。塑性岩屑内普遍缺乏气孔，表明岩浆中挥发组分含量较少。绿泥石多形成于水下还原性环境。扫描电镜观察发现，熔结凝灰岩碎屑中发育面包皮结构，球状，磨圆度较好，边缘较光滑。

三、隐爆角砾熔岩

隐爆角砾熔岩仅出现在旗 8 井取心段，发育有 2 期，单层厚约为 20~40cm，均夹于熔结凝灰岩之间，典型特征是隐爆角砾结构。隐爆角砾熔岩由隐爆角砾和熔浆胶结物 2 部分组成。角砾多呈灰色或灰白色，粒径为 1~3cm，不规则，棱角分明，具可拼合的特点，角砾间被后期岩浆浇注充填。其原岩为熔结凝灰岩，与隐爆角砾熔岩上覆和下伏的熔结凝灰岩特征一致。熔浆胶结物呈脉状充填于隐爆角砾之间，由下而上呈树枝状，上部脉多而细、多分叉，下部脉少而宽、分叉少。电子探针分析测试结果表明，隐爆角砾 SiO_2 的含量为 83.74%，呈酸性，Na_2O+K_2O 的含量为 6.32%，Al_2O_3 为 9.46%，里特曼指数为 0.98，呈钙碱性；熔浆胶结物 SiO_2 的含量为 65.18%，呈酸性，Na_2O+K_2O 的含量为 14.53%，Al_2O_3 为 19.28%，里特曼指数为 9.5，呈过碱性。

四、熔积岩

熔积岩仅出现在玛东 1 井取心段下部，厚约 1.6m。熔积岩呈灰白色，块状，由浆源碎屑和宿主沉积物二元组分构成。块状熔积岩发育包裹结构，即岩浆内部发育沉积物的包裹体，形似于杏仁构造，包裹体内部为深灰色泥岩碎屑。浆源碎屑为块状，含量约 95%，具弱熔结结构特征，塑性岩屑定向排列且被拉长，普遍缺乏气孔，为火山碎屑流成因。宿主沉积物表现为泥岩撕裂屑，被块状浆源碎屑包裹，含量约为 5%，呈扁平椭球状，彼此定向平行排列，具拖曳的特征，表现为碎屑流沉积的特征。

第三章　岩相空间组合及成岩相特征

在针对风城组特征矿物展开精细矿物学描述之后,本章将进一步描述其岩相组合特征、岩相空间展布特征及成岩作用、成岩相、成岩演化序列和成岩相组合特征。岩相组合及空间展布特征是研究沉积盆地沉积环境和岩相古地理的基础,成岩相是在成岩和构造作用下,沉积物经历一定成岩作用和演化阶段的产物,是表征储集体性质、类型和优劣的成因性标志。

第一节　岩相组合特征

风城组储层岩石类性多样,从总体上看,岩石类型包括陆源碎屑岩(砂岩、粉砂岩)、泥岩、燧石岩、碳酸盐岩(白云岩、灰岩)、火山碎屑岩、火山岩等。许多研究单位和教学单位均对风城组这套储层的岩性做过一定的鉴定,但各家的鉴定结果和认识不尽一致(鲜继渝,1985)。

成都地质学院定名为碳酸盐化的中性熔岩,认为白云石都为次生成因,见小柱状中性长石或斑晶被白云石交代,基质具有脱玻化现象。四川省石油管理局定名为泥质白云岩、白云质泥岩或凝灰质白云质泥岩等,并在乌40井约3200m处发现葛万藻及棘屑海百合茎化石,认为风城组的沉积环境为潮坪相。中国石油勘探开发研究院定名为白云岩化沉凝灰岩,据扫描电镜分析,岩石中含有火山尘物质及晶屑。新疆地质局认为风城组主要是白云质泥岩或泥质白云岩,不同意将其定义为凝灰岩。理由如下:在显微镜下只能看到是隐晶泥质,而看不见三屑(玻屑、晶屑和岩屑),即使岩石中有部分尖角状石英、长石碎屑可以怀疑它们是晶屑,但为数甚少,不足以达到定名的含量要求。

按照中华人民共和国石油天然气行业标准 SY/T 5368—2016《岩石薄片鉴定》,粒级含量大于50%时定主名,大于25%~50%时定副名,含量小于25%时不参与定名。矿物含量大于10%~25%时命名为"含",含量大于25%~50%时命名为"质"。当砂岩中含火山碎屑物质时,小于2mm的火山碎屑物质含量大于10%~25%时不按正常砂岩命名,统称为凝灰质砂岩;火山碎屑物质大于50%时,按火山碎屑岩分类标准命名。本次研究通过对玛页1井、风3井、风4井、风7井、风8井、风306井、风南1井、风南2井、夏40井等多口井的风城组储层取心井段的岩石薄片进行了重新鉴定后,认为在这些井中所见的风城组岩性是一套深湖相沉积的火山灰凝灰岩间夹正常沉积泥岩的建造。考虑到岩性在纵向上矿物含量变化较大,因此在统计厚度过程中采用岩性岩相组合为思路,将风城组三个岩性段的岩性岩相组合划分为白云质泥岩、泥质白云岩、白云质粉砂岩、白云岩、凝灰质砂砾岩、凝灰岩等。

一、云质岩岩相特征

风城组白云岩类主要岩性为泥晶、粉晶白云岩、凝灰质白云岩和粉砂质白云岩，单层厚度常在几米到几十米之间，并常常与白云质凝灰岩、白云质泥岩、粉砂质泥岩、凝灰质泥岩、凝灰岩等互层出现。白云岩中常见有微细水平层理、微波状层理和纹层状构造（图3-1-1），反映了具有还原条件的低能安静水体的湖相沉积特征。

以白云石的粒度和晶型为依据可以把白云岩的显微结构划分为四类：（1）泥晶结构，白云石晶形难以识别，岩石致密，无晶间孔（图3-1-1a）；（2）粉晶结构，白云石晶形难以识别，岩石致密，无晶间孔，纹层状产出（图3-1-1b）；（3）细—中晶结构，白云石呈自形—半自形，交代烃源岩，星散状分布；富集充填于泄水通道内呈脉状分布（图3-1-1c）；（4）中—粗晶结构，白云石呈自形—半自形交代烃源岩、交代自生矿物，集窝状、星散状分布（图3-1-1d）。

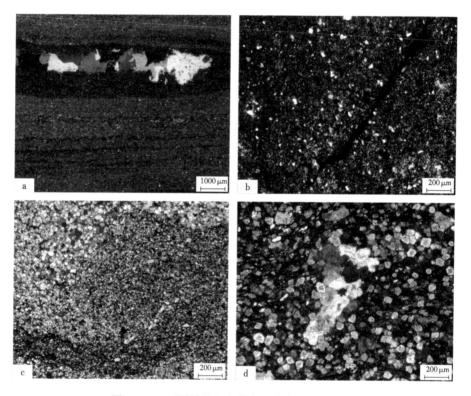

图3-1-1　不同晶粒大小的白云岩类型显微照片

a——泥微晶白云岩，玛湖1井，4784.9m，风二段；b——粉砂质粉晶白云岩，风15井，2998m，风三段；
c——细—中晶白云岩，玛页1井，4766.47m，风二段；d——纹层状粗晶白云岩，玛页1井，4835.24m，风二段

从总体上看，白云岩中白云石含量较中等，通过全岩X射线衍射分析发现，风城组白云岩成分不纯，部分白云岩白云石含量小于50%（表3-1-1），含有较多凝灰质或粉砂质。即使含量中等，但由于白云石仍是岩石的主要组成部分，仍可以定义为白云岩，研究区典型的白云岩为呈纹层状产出的膏质、粉砂质、泥质、凝灰质白云岩。

风城组发育的一套纹层状的白云岩，白云石纹层与暗色纹层互层，形成微细水平层

理，白云石以泥晶—微晶结构为主（表 3-1-2），它形粒状，X 衍射分析结果证明其成分主要为含铁白云石，以含铁白云石为主的岩性主要有泥晶白云岩、膏质白云岩、凝灰质白云岩、粉砂质白云岩和凝灰质白云岩等，单层厚度常在几米到几十米之间，并常与白云质凝灰岩、白云质泥岩、粉砂质泥岩、凝灰岩等毫米级纹层状互层发育，或在泥岩中呈很薄的夹层出现。纹层状白云岩相发育在深湖沉积环境或有一定坡度的半深湖沉积环境中，在粒度上完全可以与暗色纹层中的泥质结构类比，说明两者均形成于低能环境中，属于热卤水喷流化学沉淀成因产物。

表 3-1-1　风城组 X 衍射分析获得的白云石含量

井位	井深 /m	层位	岩性	矿物种类和含量 /%							黏土矿物含量 /%
				石英	钾长石	斜长石	方解石	白云石	黄铁矿	碳钠钙石	
风 1518 井	3464.33	风二段	含藻团粒凝灰质细晶白云岩	23.0	1.1	11.9	0.5	45.5			18
风 1519 井	3464.83	风二段	凝灰质粉—细晶白云岩	8.0	1.6	22.7	2.4	40.3	3.1	17.1	4.8
玛页 1 井	4800.00	风二段	粉砂质粉—细晶白云岩	4.00	27.00	15.00		33	3		4
玛页 1 井	4853.40	风二段	粉砂质粉—细晶白云岩	22.00	15.00			45.00	4		7.00
玛页 1 井	4869.95	风一段	粉砂质粉—细晶白云岩	10.00	15.00	15.00	1.00	46.00	4		3.00

二、碎屑岩岩相特征

玛湖凹陷风城组碎屑岩包括凝灰质砂砾岩、砂岩、粉砂岩和泥岩，其中以凝灰质砂砾岩、粉砂岩和泥岩较为发育。凝灰质砂砾岩主要发育于凝灰岩附件层位，如玛页 1 井取心段凝灰质砂砾岩分布于安山岩和凝灰岩之间，井深为 4869.22~4892.76m 井段，颜色以灰色或青灰色为主，砾状结构，块状构造。砾石以凝灰岩砾和火山岩砾为主，砾径为 2~10mm，含量约为 60%。磨圆状一般呈次圆状—次棱角状（图 3-1-2）。由底至顶凝灰质含量逐渐降低。砂质含量增多。填隙物以凝灰质为主，含量为 15%。砂质含量为 29%，方解石呈斑点状、团块状分布。

玛湖凹陷风城组常见含云泥岩和蒙脱石黏土岩两种类型，少量灰质泥岩。含云泥岩通常为铁灰色，致密，较坚硬，含较多的白云石，含量范围为 0~10%（图 3-1-3a、b），并常夹有多层硅质条带、粉砂质条带或砂质条带，具水平层理，微细层理，裂缝发育，大部分被白云石、方解石和硅质充填。硅质条带最厚处可达 6mm，最薄只有 0.02mm。

另一种为火山尘斑脱而成的黏土矿物，多伴随有凝灰质晶屑，这些白云石镶嵌在泥质中，常和粉砂条带、凝灰质条带互层，粉砂成分主要是长石、石英、火山岩块和泥质粉砂团块。凝灰质条带呈灰黑色，晶屑为中性长石和石英（具尖角状或溶蚀边）。白云石粒径多为 0.1~0.25mm，少为 0.25~0.5mm。该种类型黏土矿物变形强烈（图 3-1-3c、d、f）。

表 3-1-2　玛湖凹陷纹层状原生白云岩产状和沉积结构特征

类型	宏观照片	薄片照片（单偏光）	薄片照片（正交偏光）
纹层状白云石			
	玛页 1 井，4799.18m	硅质—白云石—黄铁矿三元纹层，风二段，4799.18m	

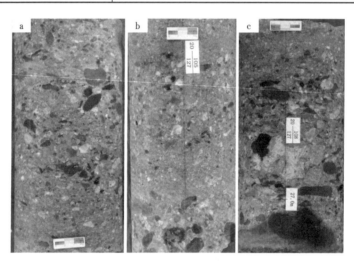

图 3-1-2　玛页 1 井凝灰质砂砾岩岩心照片

a——4870.57m；b——4887.09m；c——4888.0m

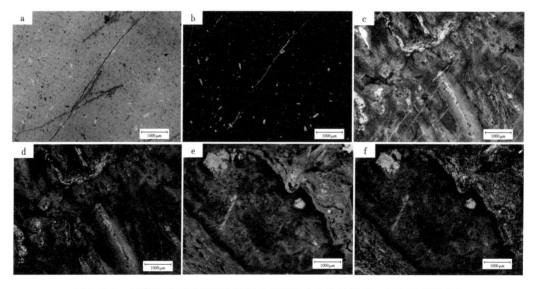

图 3-1-3　玛湖凹陷风城组泥岩特征显微照片（左为单偏光；右为正交偏光）

三、火山岩岩相特征

熔结凝灰岩主要由棱角状角砾和凝灰质组成，角砾含量为 40%，凝灰质为 60%，角砾粒径为 3~8mm（图 3-1-4），自底至顶角砾含量增加，角砾粒径逐渐变大，大部分角砾具空腔，内常有垂直空腔壁的石英晶体，见少量柱状霓辉石，空腔的大小不等，一般为 2~8mm，个别大于 10mm。

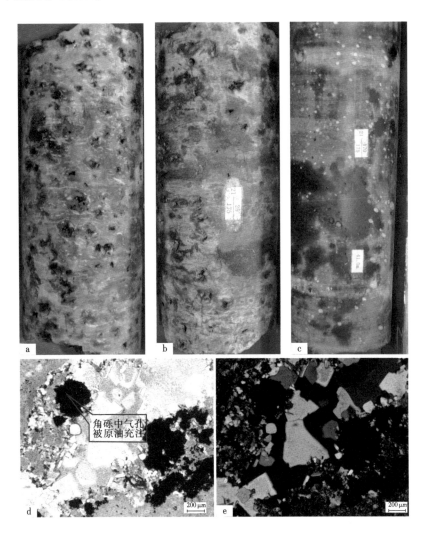

图 3-1-4 玛页 1 井熔结凝灰岩和安山岩岩心和薄片照片

a——熔结凝灰岩，4896.24m；b——熔结凝灰岩，4901.50m；c——安山岩，4933.48m；
d——角砾熔结凝灰岩，单偏光，4897.39m；e——角砾熔结凝灰岩，正交偏光，4897.39m

安山岩具斑状结构，气孔状构造（图 3-1-4），斑晶主要为辉石、斜长石。辉石呈黑色短柱状，斜长石呈板状，基质主要为斜长石，岩石气孔较为发育，大部分充填方解石，孔径较小，少部分充填绿泥石，孔径较大，溶蚀孔洞发育，充填绿泥石，常见低角度斜交裂缝发育，缝宽约为 0.1mm。

第二节　岩相空间分布规律

一、风一段岩相空间分布特征

（1）风一段熔结凝灰岩呈北北东—南西西向展布（图 3-2-1），以夏 9 地区厚度最大，最大厚度达 60m，指示火山口可能位于夏 9 井附近。

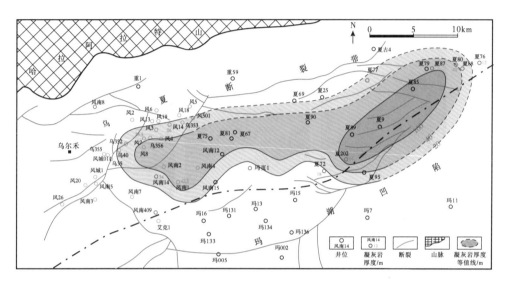

图 3-2-1　玛湖凹陷风一段凝灰岩厚度等值线图

（2）风一段泥质白云岩呈北东向带状展布，总体沿乌夏断裂带分布（图 3-2-2），在断裂越发育地段厚度越大，白云石成因和断裂有直接关系，可能为热液成因白云石，玛湖凹陷出现两个厚度中心，分别为风 20 井和夏 85 井附近，最大厚度达 100m。

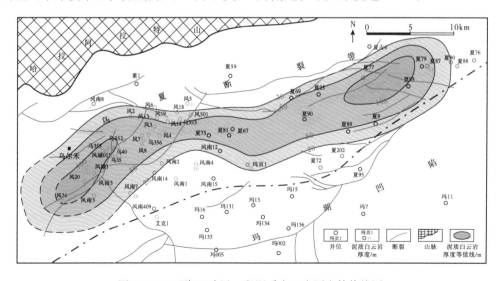

图 3-2-2　玛湖凹陷风一段泥质白云岩厚度等值线图

（3）风一段白云质泥岩分布规律和泥质白云岩基本一致，呈北东向展布（图3-2-3），只是厚度相对较小，总体厚度介于5~10m之间。

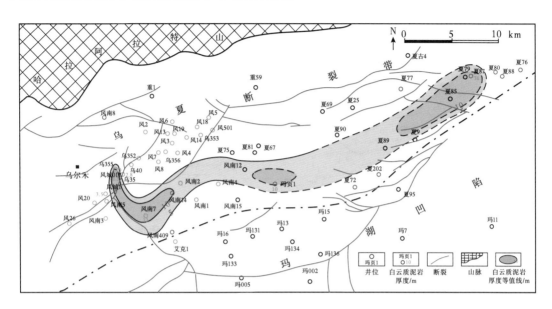

图3-2-3　玛湖凹陷风一段白云质泥岩厚度等值线图

（4）风一段白云质粉砂岩主要发育于乌尔禾—夏子街地区，厚度以风城1井最厚（图3-2-4），可达54.4m。

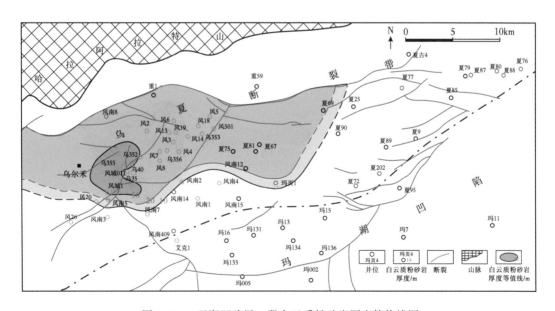

图3-2-4　玛湖凹陷风一段白云质粉砂岩厚度等值线图

（5）风一段凝灰质砂砾岩近东西向展布，越靠近物源区厚度越大，最厚可达120m（图3-2-5），为储层发育有利区。

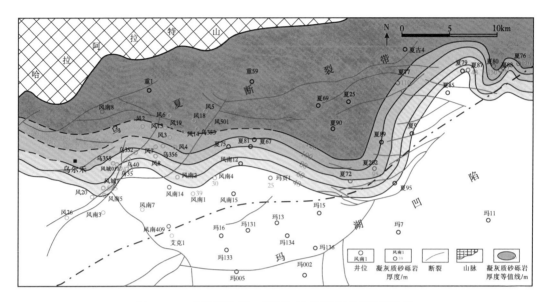

图 3-2-5　玛湖凹陷风一段凝灰质砂砾岩厚度等值线图

二、风二段岩相空间分布特征

（1）风二段凝灰质砂砾岩北东向展布，沉积中心分别为乌尔禾地区风南 7 井附近和夏子街地区夏 85 井附近，与风一段凝灰质砂砾岩相比厚度明显较薄，夏子街地区厚度较大，最厚可达 190m（图 3-2-6），为储层发育有利区。

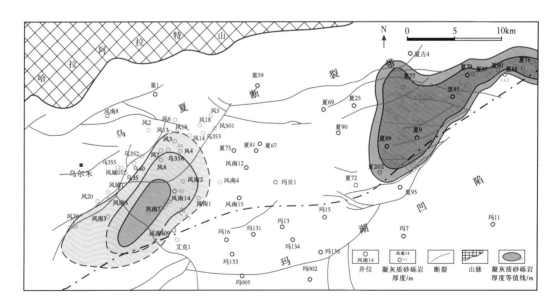

图 3-2-6　玛湖凹陷风二段凝灰质砂砾岩厚度等值线图

（2）风二段白云质粉砂岩主要发育于乌尔禾—夏子街地区，厚度以风城1井最厚（图3-2-7），最大厚度约10m。

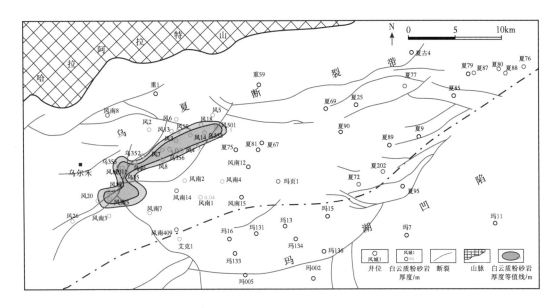

图 3-2-7　玛湖凹陷风二段白云质粉砂岩厚度等值线图

（3）风二段白云质泥岩主要分布于玛页1井以西的乌尔禾地区，以玛页1井、风南12井和风南409井地区最厚（图3-2-8），相对风一段而言，厚度明显增大，最大厚度可达190m，总体厚度介于10~150m之间。

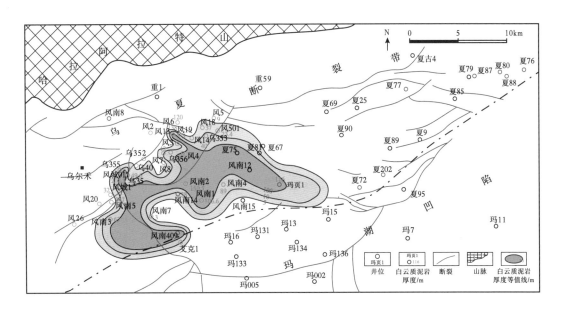

图 3-2-8　玛湖凹陷风二段白云质泥岩厚度等值线图

（4）风二段燧石岩主要发育于乌尔禾—夏子街地区，厚度以风南地区最厚（图3-2-9），可达100m。

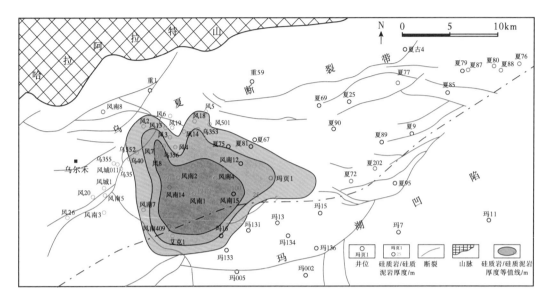

图3-2-9　玛湖凹陷风二段硅质岩、硅质泥岩厚度等值线图

（5）风二段泥质白云岩呈东西向展布，总体沿乌夏断裂带分布（图3-2-10），玛页1井泥质白云岩厚度为77m，厚度中心位于风南4井、风501井附近，最大厚度达140m。

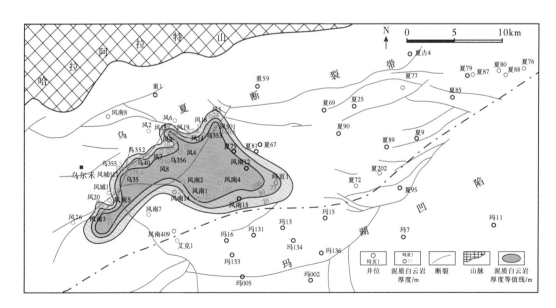

图3-2-10　玛湖凹陷风二段泥质白云岩厚度等值线图

三、风三段岩相空间分布特征

（1）风三段白云岩呈团块状分布，总体范围位于玛页 1 井以西，但在夏 88 井附近局部分布（图 3-2-11），玛页 1 井以西区域厚度在 20~120m 之间。

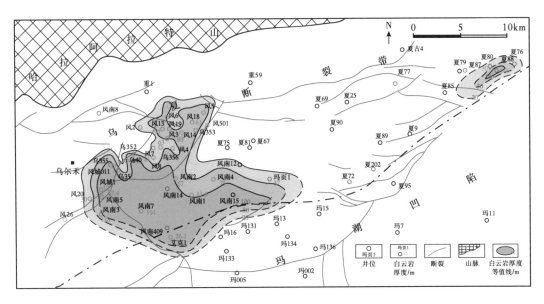

图 3-2-11 玛湖凹陷风三段白云岩厚度等值线图

（2）风三段白云质粉砂岩主要发育于乌尔禾—夏子街地区，厚度以风 4 井最厚（图 3-2-12），最大厚度约 78m。

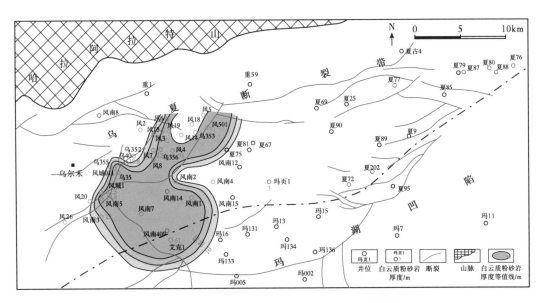

图 3-2-12 玛湖凹陷风三段白云质粉砂岩厚度等值线图

（3）风三段白云质泥岩主要分布于玛页 1 井以西乌尔禾地区，以风南 14 井和风南 5 井地区最厚（图 3-2-13），最大厚度可达 256m，总体厚度介于 10~100m 之间。

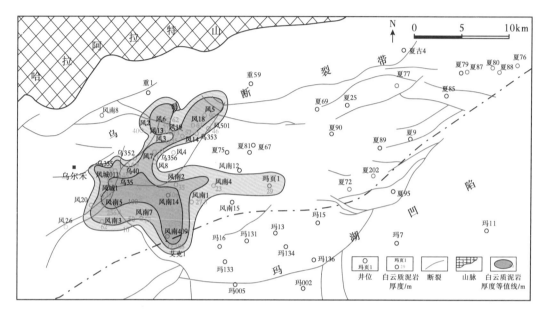

图 3-2-13　玛湖凹陷风三段白云质泥岩厚度等值线图

（4）风三段泥质白云岩厚度相对较大，厚度中心位于风南 5 井附近（图 3-2-14），最大可达 169m。

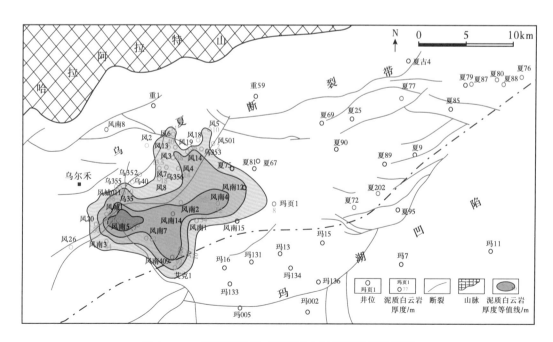

图 3-2-14　玛湖凹陷风三段泥质白云岩厚度等值线图

（5）风三段凝灰质砂砾岩主要分布于夏子街地区，据统计数据厚度为20~130m，但由于数据相对较少，难以进行平面图制作。

第三节 化学岩的时空展布特征

一、碱岩时空分布

风城组碱盐主要发现于艾克1井、风南3井、风南5井、风南7井、风城1井、风20井和风26井等岩心中，上述井的风城组厚度较大，主要位于原沉积中心部位。由于岩心数据有限，主要在测井曲线上识别碱盐。一般盐类矿物在测井曲线上具有较为鲜明的特征，如层状石盐常具有低伽马、极高电阻、低密度和扩径的特征（Guo et al., 2017）。风城组的碱盐比石盐密度略高，溶解度略低，但是相对于上下层的泥质云岩或者云质泥岩，也具有上述特征。

对乌夏地区主要勘探井的测井曲线展开碱盐解释和识别，发现风城组碱盐在玛湖凹陷中分布局限（图3-3-1）。北东向风26井—风南5井—乌35井—风5井剖面显示，碱盐仅在风南5井的风二段大量发育，风三段和风一段几乎没有（图3-3-2）。东西向风26井—风南3井—风南7井—风南14井—风南1井—风南4井连井剖面显示，碱盐主要分布在风南3井和风南7井的风二段，在风南7井的风一段亦发现可能的两层碱盐（图3-3-1）。南北向艾克1井—风南14井—风4井—风6井剖面，在艾克1井的风一段和风二段识别出大量碱盐层，风二段的碱盐全段分布，风一段的碱盐主要分布在中上部分（图3-3-3）。

上述连井剖面说明碱盐沉积中心具有迁移趋势（图3-3-2），风一段沉积时期，碱盐主要发现于艾克1井中，中等富集（图3-3-4）。风南5井风一段测井曲线并未发现碱盐（图3-3-1），风南7井风一段仅见一层碱盐（图3-3-3），其余风南14井、风南1井和风南4井并未识别出碱盐沉积。说明风一段沉积时期，沉积中心主要位于艾克1井，且分布局限。至风二段沉积时期，在艾克1井、风南3井、风南5井和风南7井中识别出大量碱盐层段，以艾克1井最为发育，其次是风南5井、风南3井和风南7井，说明此时碱湖沉积中心仍在艾克1井附近，且向西北方向迁移，湖泊中心范围迅速扩大。至风三段沉积时期，已在测井曲线上识别不出层状碱盐，仅在岩心中发现团块状碳钠镁石（风26井），说明此时碱盐沉积基本结束。

二、云质岩时空分布

支东明等（2021）以岩性结合测井，测井标定地震，以玛页1井岩心精细的描述与实验分析为基础，开展岩石物理分析，建立不同岩性测井、地震敏感参数响应关系，基于此提取地震属性，在结合单井相划分，预测了不同岩相带空间分布关系，明确了3类油藏类型的空间共生关系（图3-3-5）。云质岩类包括靠近物源冲积扇区的云质砂岩和远离物源区的云质粉砂岩和云质泥岩。乌夏地区主要分布在云质泥岩的地震相内，几乎风一段、风二段、风三段均发育云质岩。

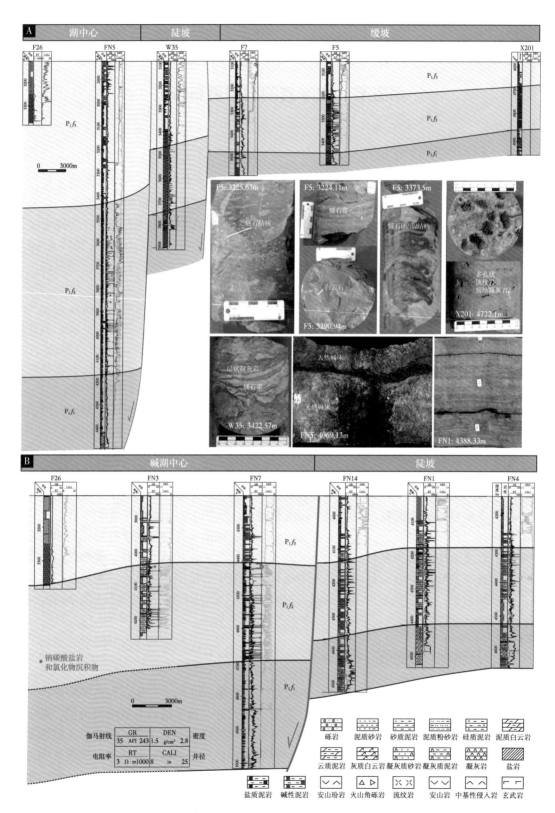

图 3-3-1　风 26 井—风南 5 井—乌 35 井—风 7 井—风 5 井—夏 201 井风城组碱盐分布连井剖面图

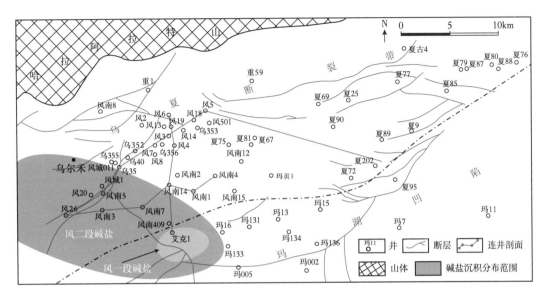

图 3-3-2　乌夏地区风城组碱盐平面分布图及连井剖面的位置

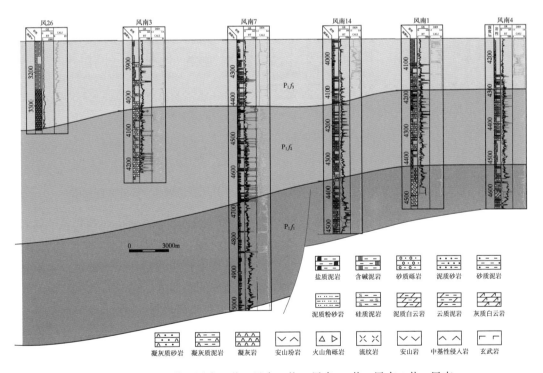

图 3-3-3　风 26 井—风南 3 井—风南 7 井—风南 14 井—风南 1 井—风南
14 井风城组碱盐分布连井剖面图

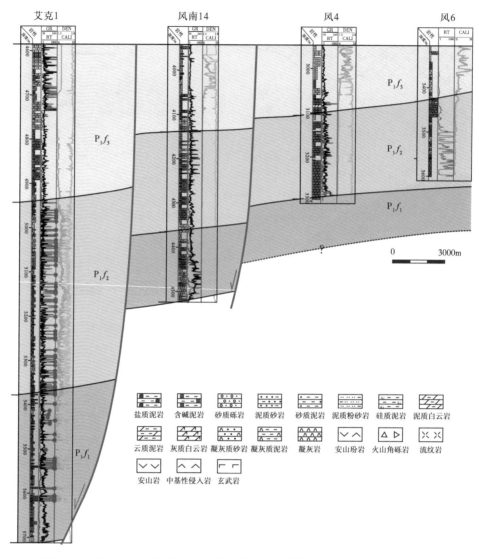

图 3-3-4　艾克 1 井—风南 14 井—风 4 井—风 6 井风城组碱盐分布连井剖面图

相较于碱盐,白云石形成的盐度略低,云质岩主要发育于原湖泊的斜坡区(冯有良等,2011)。通过大量岩心和薄片观察,风一段沉积时期,乌夏斜坡区发育大量火山岩,云质岩发育有限。位于碱湖中心的艾克 1 井风一段上部发育层状碱盐,下部发育含碱盐晶体的泥质岩;风南 5 井和风南 7 井主要发育含碱盐晶体的泥质岩,白云石较少。该时期云质岩主要分布于风城 1 井附近,累计发育约 50m;玛页 1 井云质岩累计约 14m。风二段沉积时期,沉积中心发育大量层状碱盐,盐间泥质岩中亦包含大量碳钠钙石、硅硼钠石等晶体,云质岩比较少。斜坡区以乌 40 井—玛页 1 井为带,发育大量纹层状或块状云质岩,累计厚度较大,厚度达 150m。该时期湖泊的湖沼区,如夏 72 井、夏 202 井附近,除偶夹云质岩外,以硅质泥岩和钙质泥岩为主。风三段沉积时期,原碱湖中心的湖水盐度变小,以沉积云质岩为主。该时期云质岩主要分布于原沉积中心风南 5 井—艾克 1 井附近(图 3-3-6),风南 1 井—风南 4 井附近亦发育较厚。

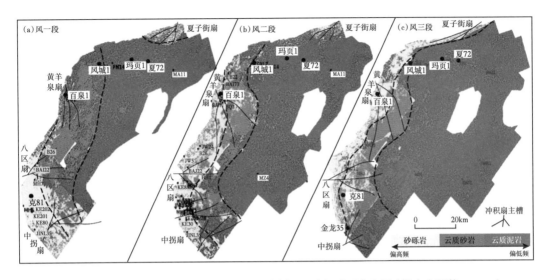

图 3-3-5　准噶尔盆地玛湖凹陷风城组不同岩性地震相平面分布图（据支东明等，2021）

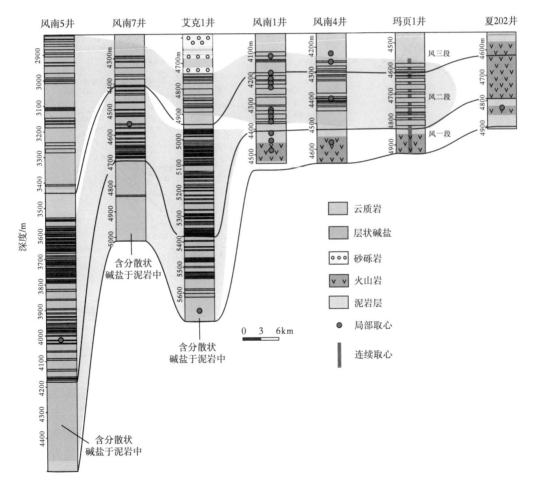

图 3-3-6　乌夏地区云质岩分布连井剖面简化图
（该图基于测井曲线识别层状碱盐，录井识别云质岩和泥质岩）

三、燧石岩时空分布

由于风城组燧石岩主要产状集中于薄层状和局部透镜状等，利用测井研究并不能良好的辨别出燧石岩产出状态和厚度，最终还是依靠钻录井资料针对燧石岩分布规律进行研究。在统计玛湖凹陷地区风城组燧石岩各段沉积厚度的过程中发现，风一段燧石岩主要发育在风城 011 井和风 7 井及乌 35 井富集主要分布于凹陷西北部。风二段燧石岩分布面积相对较广，沉积主体厚度向凹陷中心靠近，位于中心部位的主要有风 8 井、玛页1 井等。

风一段燧石岩主要分布在风城地区，以风 7 井、风 8 井及乌 35 井为最厚沉积区域，风一段燧石岩整体沉积范围较小，位于古湖泊的中心靠边缘部位（图 3-3-7）。分布范围向哈拉阿拉特山方向靠近，风南地区等碱湖中心并未发现大量存在的燧石岩沉积。风一段燧石岩沉积产状主要集中于条带状、层状，在风 7 井，燧石岩主要与泥质云质岩呈条带状互层，燧石层呈灰黑色，岩心上与泥质云质岩明暗相交。燧石岩质地较硬，岩心断口呈贝壳状。

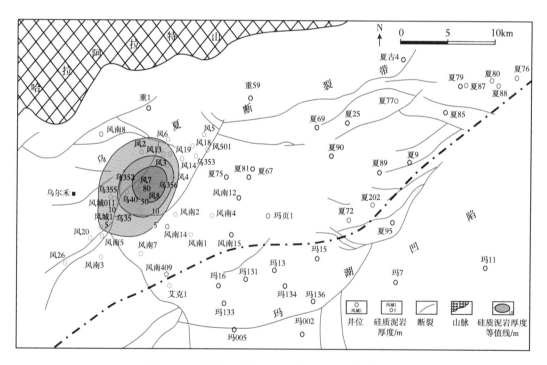

图 3-3-7　玛湖凹陷风一段硅质泥岩厚度等值线图

风一段燧石岩在平面上呈椭圆状展布，燧石岩分布区域内构造断裂密集，主要为夏红北断裂带和乌夏断裂带及其控制的一些衍生次级断裂。燧石岩沉积远离夏子街火山活动区，表明风一段燧石岩沉积并未受到火山活动的控制。玛湖凹陷地区断裂带密集发育，湖底热液活动相对频繁，但燧石岩沉积局限于一小部分地区，表明热液活动对燧石岩沉积影响较低。在风一段沉积期，湖盆水体并未进入干旱期，湖水酸碱度并不算高。湖盆处于半深湖—深湖沉积环境，燧石岩沉积区域位于湖盆中心靠边缘部位，水体相对较浅，有利于微生物的生存，火山灰的沉降和晚石炭世火山岩的水解也为水体提供了大量的营养物质，为微生物蓬勃提供充足的条件，也为水体溶解硅沉降提供有利的环境。

风二段相对风一段燧石岩分布范围较广，沉积厚度也逐渐向碱湖中心靠近。位于湖盆中心的风南1井、风南4井等井位沉积厚度在100m以上，风7井在风二段燧石岩沉积仍相对较厚。

风二段相对风一段燧石沉积面积变广，可能是由于在风二段沉积期，湖盆相对更为浓缩，水体pH值持续上升导致溶解硅含量增加（图3-3-8）。在风南1井和风南4井等湖盆中心井位，碱岩矿物大量发育，湖盆已经逐渐发展到干盐湖阶段，沉积物以天然碱和苏打石为明显标志，这两类碱岩矿物沉积所需求的Na^+浓度非常高，Na^+的沉降晚于Mg^{2+}、Ca^{2+}的沉降，Mg^{2+}、Ca^{2+}先与HCO_3^-结合形成盐岩矿物和白云石等。当Na^+以天然碱和苏打石形式沉积之后，水体中Mg^{2+}、Ca^{2+}、Na^+浓度迅速降低，水体酸碱度也迅速下降，导致水体中溶解的大量硅迅速沉积，形成硅质条带，如此循环往复形成了风城组燧石条带与盐岩矿物条带、云质泥质条带呈韵律互层产出。

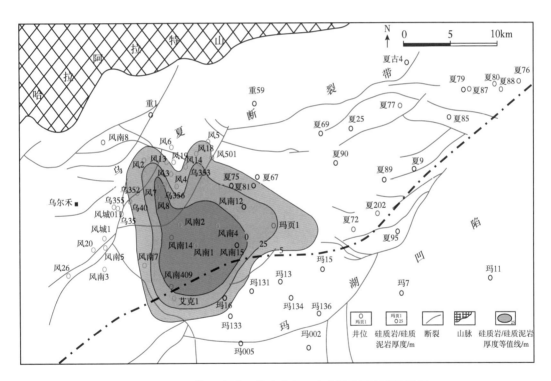

图3-3-8　玛湖凹陷风二段硅质岩、硅质泥岩厚度等值线图

风二段燧石岩沉积分布范围呈东西向展布，与乌夏断裂带走向大致一致。整体沉积还是与湖盆沉积一致，沉积最厚区域仍位于碱湖中心，在湖盆边缘和凹陷平台区沉积厚度逐渐减薄。表明风二段燧石岩沉积期并未受到明显的构造或火山活动影响。控制燧石岩沉积的影响因素仍以湖泊水体为主。

风三段湖盆水体逐渐加深，在观察的钻井岩心和录井资料上极少见到燧石岩沉积，在玛页1井部分井段见到少量的硅质条带和团块。

四、硅硼钠石时空分布

玛湖凹陷风城组硼硅酸盐在空间分布上具有一定的规律性，垂向上，从风一段至风三段整体上呈现出先升高后降低的趋势，风一段至风二段由少增多后迅速地减少，风二段的底部最为发育，风三段含量最低，几乎不发育，反映了硅硼钠石的发育与火山喷发和热液活动关系密切。硅硼钠石发育于沉积中心的几乎所有钻遇风城组中下部的井中，如艾克1井、风南3井、风南7井、风20井、风26井、风城011井等。在沉积中心东北斜坡区，如风南1井、风南2井、风南4井、风南14井等，也发现大量的硅硼钠石条带、团块等，离沉积中心越远，硅硼钠石的含量越少。在离沉积中心较远的玛页1井风城组中，发现少量硅硼钠石，但其含量远少于风南1井中的硅硼钠石（图3-3-9）。

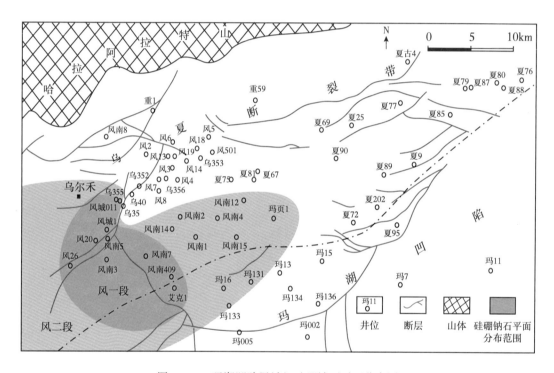

图3-3-9　玛湖凹陷风城组硅硼钠石平面分布图

横向展布上，风一段，硅硼钠石主要分布于沉积中心，沿着乌27井断裂带西部地区风城011井、风城1井及斜坡区艾克1井发育（图3-3-10）。风二段，硅硼钠石最为发育，同时也扩大了发育范围，富集区由风一段的风城011井、风城1井移至风南5井，以及斜坡区的风南1井、风南2井、风南3井，整个风城组中风二段硅硼钠石含量最高（图3-3-10）；风三段硅硼钠石几乎消失，在薄片中较少见，仅在风26井中见少量盐类矿物。

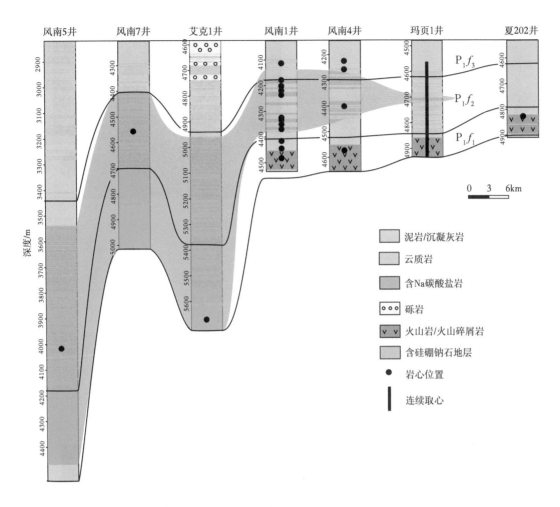

图 3-3-10 玛湖凹陷风城组硅硼钠石连井剖面图

第四节 成岩作用及成岩相

玛湖凹陷风城组成岩作用类型多样，主要包括凝灰质脱玻化作用、压实作用、交代作用、重结晶作用、破裂作用、溶蚀作用及自生矿物的充填作用等类型，不同成岩作用类型对储层造成不同的影响。

一、脱玻化作用

脱玻化作用指的是一系列广泛的作用，既包括化学成分没有变化的重结晶作用，如从长石、石英雏晶到自形的长石、石英晶体，并产生孔隙；也包括化学成分发生变化的新生矿物形成作用。风城组储层沉积中不同程度的含有凝灰质，其成分主要为火山玻屑，在沉积或堆积之后的成岩过程中会发生与温压和化学条件相适应的变化，导致原有的玻璃物质逐渐变成晶体物质（图 3-4-1）。

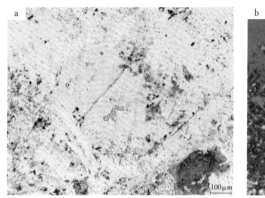
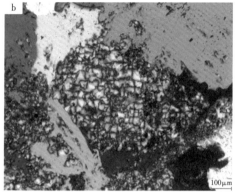

图 3-4-1　凝灰质的脱玻化作用显微照片

硅质泥岩，凝灰质脱玻化，玛页 1 井，4809.12m，风城组（a 为单偏光；b 为正交偏光）

二、压实作用

沉积物埋藏过程中，在上覆地层和水体压力作用下，会导致孔隙减少和孔隙水排出，并出现流动及塑性变形等现象，同时片状或长条状生物碎屑发生塑性变形或定向排列（图 3-4-2a），随着压实程度的增加，颗粒接触关系由以点接触为主逐渐变为以线接触、凹凸接触为主，直至局部出现压溶现象。压实作用的中后期，往往导致岩石和碎屑颗粒破裂而形成压裂缝（图 3-4-2），但这类成岩压裂缝往往容易被次生方解石脉或硅硼钠石等盐类矿物充填胶结（图 3-4-2b）。

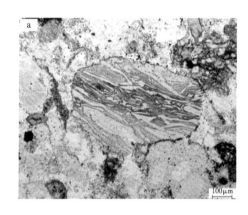
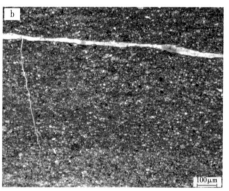

图 3-4-2　压实作用显微照片

a——长石岩屑砂岩，部分颗粒因强压实作用而破裂，玛页 1 井，4715.85m，风城组；
b——泥质粉砂岩，成岩压裂缝被钙质充填，玛页 1 井，4830.36m，风城组

三、交代作用

玛湖凹陷风城组交代作用较为普遍，既有硅硼钠石对白云石的交代（图 3-4-3），也有碳酸钠钙石、方解石等碳酸盐类矿物交代凝灰质物质及石英、长石颗粒，将颗粒溶蚀成锯齿状或鸡冠状的不规则边缘（图 3-4-4），部分白云石亦为交代成因，在显微镜下具有明显的雾心结构（图 3-4-5）。

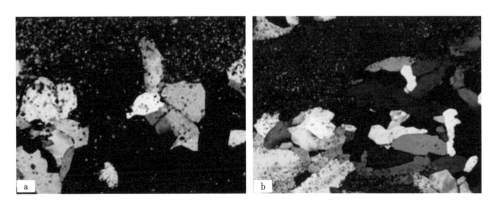

图 3-4-3　硅硼钠石交代白云石显微照片

a——凝灰质白云岩，硅硼钠石交代白云石，晶粒中残存白云石晶体，风南 1 井，4337.68m，风城组（正交偏光；对角线长 4mm）；b——凝灰质白云岩，硅硼钠石交代白云石，晶粒中残存热水铁白云石晶体，风南 1 井，4236.4m，风城组（正交偏光；对角线长 4mm）

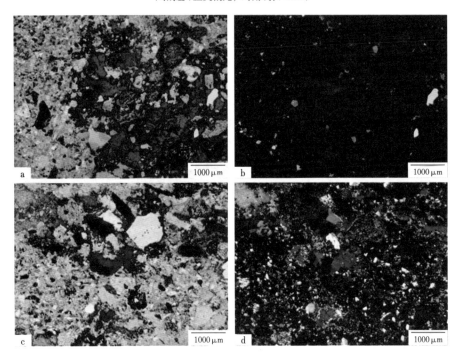

图 3-4-4　方解石交代碎屑颗粒显微照片

a、b——含云凝灰岩，方解石交代凝灰质及碎屑颗粒，风 4 井，3082.6m，风城组（a 为单偏光，b 为正交偏光）；c、d——细粒沉凝灰岩，方解石交代凝灰质，风 11 井，4581.02m，风城组（c 为单偏光，d 为正交偏光）

四、重结晶作用

玛湖凹陷风城组重结晶作用主要发生在硅硼钠石和白云石等盐类矿物中，硅硼钠石发生重结晶以后其晶体可达几毫米（图 3-4-6a、b），而白云石则由泥晶、微晶重结晶为粉晶、细晶，部分甚至变为中晶（图 3-4-6c），交代作用有利于晶间孔的形成，对改善储层具有积极意义。

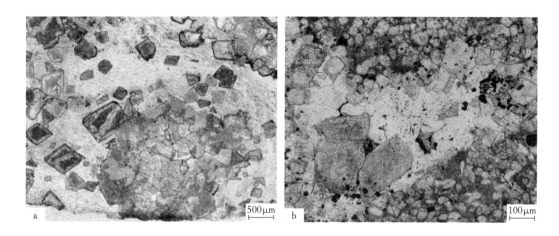

图 3-4-5　交代作用显微照片

a——云质泥岩，交代成因的白云石，具雾心结构。玛页 1 井，4799.18m，风城组；b——泥质白云岩，
白云石具雾心结构，由外向内发生铁白云石化，玛页 1 井，4796.31m，风城组

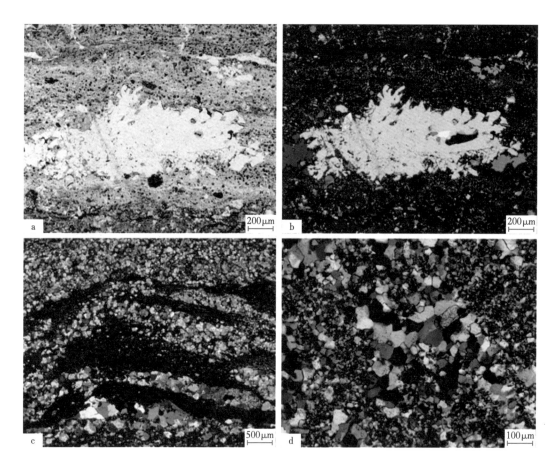

图 3-4-6　盐类矿物和硅质重结晶作用显微照片

a、b——含凝灰质硅硼钠石盐岩，少量碳钠钙石与硅硼钠石交叉共生，硅硼钠石晶体粗大，玛页 1 井，4772.17m，风城组
（a 为单偏光，b 为正交偏光）；c——泥质白云岩，白云石细—中晶，玛页 1 井，4837.6m，风城组（单偏光）；d——燧石岩，
硅质局部重结晶呈晶粒状石英，玛页 1 井，4786.7m，风城组（正交偏光）

五、破裂作用

岩石的破裂主要有两种成因，一是由成岩压实作用造成（见图 3-4-7b），二是由构造破裂作用导致。玛湖凹陷跨越西北缘断裂带和斜坡区，构造变形作用强烈，破裂作用是研究区内特别是断裂带风城组岩石中最普遍的成岩现象（图 3-4-7），早期形成的裂缝往往容易被方解石及硅硼钠石等盐类矿物充填而闭合，而形成时期较晚的裂缝多具开放性，对储层物性的改善具有重要贡献。

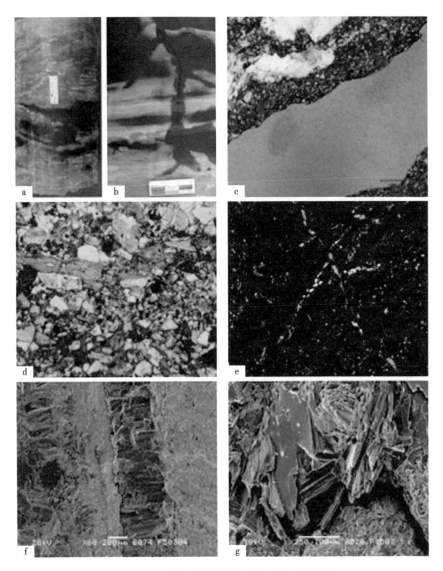

图 3-4-7 岩石的破裂作用岩心和显微照片

a——岩心中的低角度构造缝，玛页 1 井，4748.71m；b——岩心中的直立构造缝，玛页 1 井，4819.64m；c——含硅硼钠石凝灰质白云岩，发育大裂缝，风南 1 井，4337.68m，风城组（单偏光）；d——不等粒凝灰质杂砂岩，发育水平缝，风 15 井，2978.1m，风城组（铸体薄片，单偏光）；e——泥质粉砂岩，发育数条斜交缝，缝内充填硅硼钠石，风 15 井，3149.6m，风城组；f、g——深灰色含云质泥岩，硅硼钠石晶体充填裂缝发育，风 503 井，3095.4m，风城组

六、溶蚀作用

不论是在碎屑岩还是在碳酸盐岩储层中，溶蚀作用都是最为普遍的一类成岩作用类型，对增加储层储集空间、提高孔隙连通性具有重要贡献。玛湖凹陷风城组中矿物的溶蚀作用主要表现为硅硼钠石等盐类矿物的溶蚀和碳酸盐矿物的溶蚀（图 3-4-8）形成溶孔，部分岩石的次生溶孔连通形成溶缝。

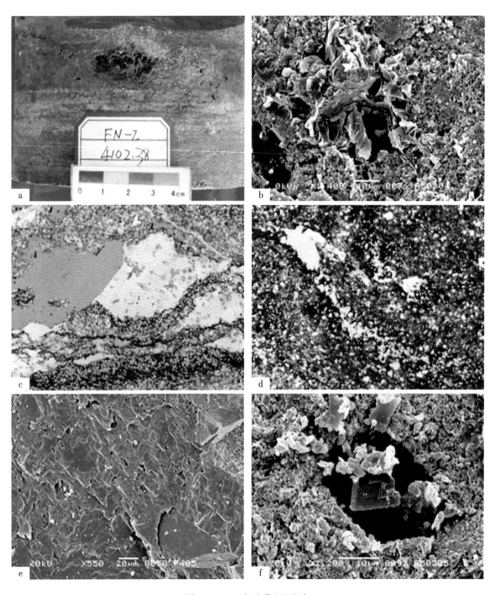

图 3-4-8　溶蚀作用照片

a——深灰色含云质泥岩，发育晶间溶孔，油浸，风南 2 井，4102.38m，风城组；b——深灰色云化泥岩，发育次生微溶孔，3095.4m，风城组；c——含硅硼钠石白云岩，部分盐类矿物被溶蚀形成溶孔，风南 1 井，4327.4m，风城组；d——凝灰质粉晶白云岩，次生溶孔和溶缝较为发育，风南 1 井，4319.64m，风城组；e——深灰色泥质白云岩，白云石晶体表面发育次生微溶孔，风 26 井，3077.5m，风城组；f——含硅质云化泥岩，铸模孔中充填次生方解石晶体，风 503 井，3095.5m，风城组

七、自生矿物的充填胶结作用

风城组地层中次生矿物类型多样，主要有石英、黄铁矿、方解石、石盐等矿物充填孔隙，自生矿物的充填作用占据相当多的孔隙空间（图 3-4-9），对储层有明显的破坏。

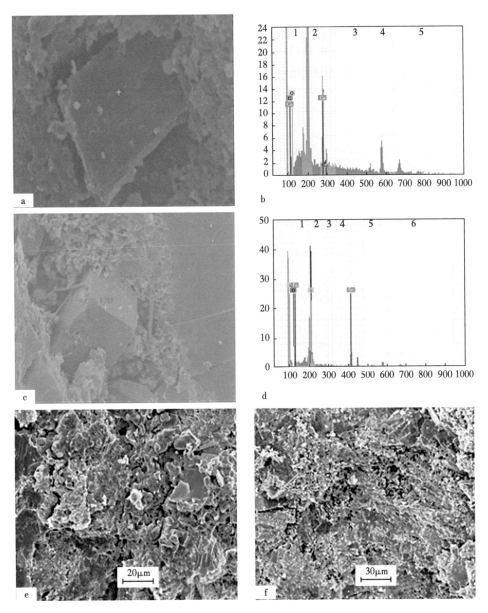

图 3-4-9　次生矿物的充填作用显微照片

a、b——深灰色含云质泥岩，发育水平缝及溶孔，溶孔中充填次生方解石，风 503 井，3093.5m，风城组（a 为 SEM，b 为能谱）；
c、d——深灰色泥质白云岩，硅硼钠石晶体晶间孔隙中充填粒状黄铁矿晶体及毛发状伊利石，风南 208 井，4102.38m，风城组（c 为 SEM，d 为能谱）；e——深灰色云质泥岩，石盐集合体附着于颗粒表面、充填于碎屑颗粒之间，风 11 井，3465.55m，风城组（SEM）；f——灰色泥质白云岩，白云石晶体晶间孔隙中充填泥晶白云石及硅质晶体，风南 1 井，4327.0m，风城组（SEM）

第五节　成岩演化序列及孔隙演化特征

玛湖凹陷风城组镜质组反射率 R_o 为 0.56~3.5，其中大部分样品 R_o 小于 1.3，伊/蒙混层中蒙皂石的含量 10%~90%（表 3-5-1），石英—方解石脉流体包裹体均一化温度范围为 140~210℃，反映其储层所处成岩阶段存在较大差异，大部分样品尚处于中成岩阶段 A 期，而埋深较大的储层已经进入晚成岩阶段（图 3-5-1）。

表 3-5-1　玛湖凹陷风城组含伊/蒙混层样品黏土矿物 X- 衍射分析结果

井名	深度/m	黏土矿物相对含量/%					混层比/%	
		S	IS	I	K	C	CS	IS
玛页 1 井	4590.07			57	25	18		
玛页 1 井	4595.61			100				
玛页 1 井	4612.31		20	58	14	8		40
玛页 1 井	4633.85		63	1	21	15		70
玛页 1 井	4649.44			100				
玛页 1 井	4669.63		32	47	13	8		40
玛页 1 井	4685.52		68		14	18		40
玛页 1 井	4690.82			1	69	30		
玛页 1 井	4700.76		56	44				90
玛页 1 井	4706.88			100				
玛页 1 井	4725.05		17	60	12	11		75
玛页 1 井	4738.55		21	79				75
玛页 1 井	4743.13			100				
玛页 1 井	4746.54			100				
玛页 1 井	4753.42		100					40
玛页 1 井	4762.81			100				
玛页 1 井	4768.09		100					40
玛页 1 井	4786.77		100					40
玛页 1 井	4786.21		100					40
玛页 1 井	4788.24		76	24				40
玛页 1 井	4794.35		18	82				40
玛页 1 井	4800.00		9	91				20
玛页 1 井	4809.75		20	80				20
玛页 1 井	4817.94		100					40
玛页 1 井	4823.69			100				
玛页 1 井	4837.61		57	37	4	2		95

续表

井名	深度/m	黏土矿物相对含量/%					混层比/%	
		S	IS	I	K	C	CS	IS
玛页 1 井	4845.55		20	75	2	3		70
玛页 1 井	4853.40		69	31				85
玛页 1 井	4869.95		100					60
玛页 1 井	4875.28		90	10				95
玛页 1 井	4881.18	98		2				100
玛页 1 井	4888.35	99		1				100
玛页 1 井	4897.39	100						100
玛页 1 井	4902.68		100					85
玛页 1 井	4912.34	91			5	4		100
玛页 1 井	4920.65		100					15
玛页 1 井	4932.47		100					80
玛页 1 井	4986.47		89		6	5		90

铝硅酸盐矿物的水化作用主要发生在同生期和早成岩阶段 A 期，包括绿泥石及云母类矿物与底层水发生反应，水解为黏土及其他化学成分。此时沉积物一般处于弱还原的成岩环境，一些次生矿物沿沉积界面开始形成，如黏土化的云母类碎屑在沉积物表面发生微晶菱铁矿化，膏盐类矿物及硅硼钠石的充填作用也主要发生在这一时期。

凝灰质的脱玻化作用主要发生在早成岩阶段，可持续到中成岩阶段 A 期，这一过程有利于脱玻化微孔的形成，从而有利于后期成岩流体的进入，同时凝灰质脱玻化的产物主要为铝硅酸盐类矿物，这类矿物的形成为后期溶蚀作用的进行提供了物质基础。

压实作用从沉积物堆积开始，一致持续到晚成岩阶段，始终贯穿了整个成岩过程，但主要在早成岩阶段对沉积物的影响最大，压实作用是导致原生粒间孔急剧减少的主要原因。

交代作用主要发生在早成岩阶段 B 期至中成岩阶段 A 期，但在早成岩阶段 A 期最为强烈，方解石、白云石等碳酸盐矿物交代凝灰质、长石和石英颗粒及硅硼钠石交代白云石等现象极为普遍。

重结晶作用发生在早成岩阶段和中成岩阶段，但主要集中发生在早成岩阶段 A 期至中成岩阶段 B 期，这一时期白云石由泥晶、微晶重结晶为粉晶、细晶甚至是中晶结构，硅硼钠石等盐类矿物晶体也重结晶为粗大的晶粒结构，在这一过程中原有微细的晶间孔重组为更大的孔喉，对改善储层物性有一定建设性作用。

破裂作用和页理化主要从早成岩阶段 B 期开始，持续到晚成岩阶段，其中中成岩阶段是破裂作用最为强烈的时期，大量裂缝在这一时期形成，对改善储层渗透性、沟通成岩流体起着不可或缺的作用。

溶蚀作用在早成岩阶段和中成岩阶段均有发生，而以早成岩阶段 B 期至中成岩阶段 A 期最为强烈，破裂作用形成的大量裂缝为成岩流体提供了通道，使大量被溶蚀的物质得以带出，促进了溶蚀作用的进行。

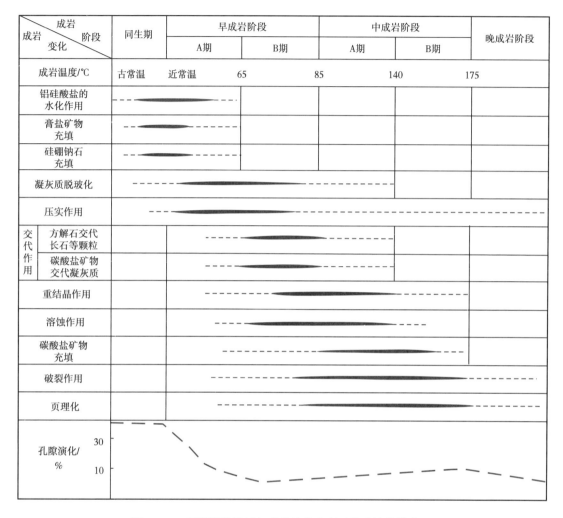

图 3-5-1　玛湖凹陷风城组成岩演化序列及孔隙演化模式图

自生矿物的充填胶结作用无疑是对储层造成破坏的一大因素，玛湖凹陷风城组中自生矿物的充填作用主要发生在中成岩阶段，自生矿物类型多样，包括次生石英、黄铁矿、方解石、石盐等矿物，但以次生方解石的充填作用最为常见。

通过对不同成岩作用类型对储层的影响进行分析后发现，经历了强烈的压实作用以后，风城组储层在早成岩阶段 B 期平均孔隙度最低，此后随着破裂和溶蚀作用的进行，储层孔隙度不断增高，孔隙度在中成岩阶段 B 期达到最高，进入晚成岩阶段以后，由于压实作用的继续进行和自生矿物的充填等原因，储层储集性能又将变差。

第六节　成岩相（组合）特征

通过对成岩作用类型及不同成岩作用对储层的影响进行研究，认为压实作用、破裂作用、溶蚀作用和自生矿物的充填胶结作用对储层的影响最大，据此将玛湖凹陷风城组划分为 3 类成岩相（组合）类型，即致密泥岩压实相、破裂—溶蚀相和溶蚀—胶结相。

破裂—溶蚀相主要发育于粉砂岩、云质粉砂岩、泥质粉砂岩及云质泥岩等储集岩类，由于这些岩石富含脆性矿物，在构造应力作用下容易发生破裂和形成页理，在这类岩石发育区，破裂作用对储层的影响极为重要。同时，由于裂缝大量发育，因此方解石、白云石及硅硼钠石等盐类矿物大量溶蚀，溶蚀作用和破裂作用一样，对储层物性的改善具有重要意义，该成岩相（组合）为最有利于储层发育的区域。

溶蚀—胶结相主要岩石类型与破裂—溶蚀相相似，岩石中长石、硅硼钠石、方解石及白云石等脆性矿物含量高，裂缝和页理均较为发育，溶蚀作用较为强烈。同时自生矿物的充填—胶结作用很普遍，大量溶孔被自生矿物和胶结物占据，仅发育少量晶间孔，储集性能大大低于破裂—溶蚀相储层。

致密泥岩压实相主要为纯泥岩发育区，几乎不发育粉砂岩及白云岩储层，泥岩中长石、石英、白云石等脆性矿物含量极低，因而岩石具有很强的塑性，在强烈的构造应力下不容易发生破裂，裂缝和页理都较少发育。同时此类岩石缺乏可供溶蚀改造的矿物基础，因此溶蚀作用很难发生。这类岩石在成岩过程中主要遭受埋藏压实作用，在成岩过程中几乎不再经历对储层有明显改善的成岩作用，岩石物性主要沿不断变差的单一方向演化，孔隙度和渗透率不断降低，此成岩相为最不利于储层发育的成岩相带。

通过编图发现，风一段致密泥岩压实相最为发育，破裂—溶蚀相主要分布于研究区中部及南部，溶蚀—胶结相在玛页 1 井至风南 8 井东西向展布范围内（图 3-6-1）；风二段致密泥岩压实相主要位于西侧的乌尔禾地区，破裂—溶蚀相面积扩大，位于玛湖凹陷中部，东侧夏子街地区主要为溶蚀—胶结相（图 3-6-2）；风三段致密泥岩压实相、破裂—溶蚀相和溶蚀—胶结相分布范围大致与风二段相当，但溶蚀—胶结相范围减小，在风南 1 地区和风南 15 地区转变为破裂—溶蚀相（图 3-6-3）。

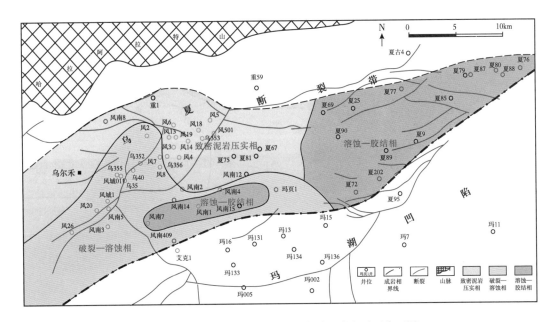

图 3-6-1 玛湖凹陷风一段成岩相（组合）平面分区图

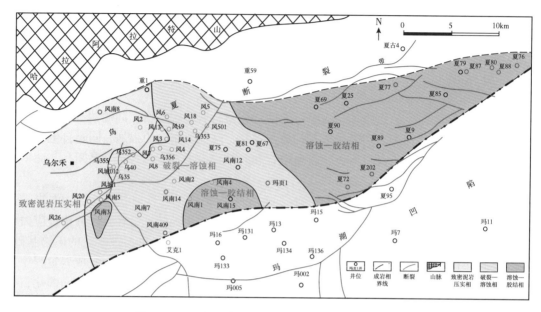

图 3-6-2　玛湖凹陷风二段成岩相（组合）平面分区图

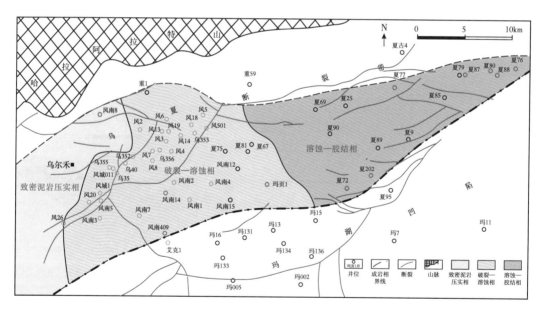

图 3-6-3　玛湖凹陷风三段成岩相（组合）平面分区图

第四章 火山喷发—碱湖沉积成岩环境探讨

在前述矿物学、岩相学和成岩相分析的基础上，本章进一步利用碳、氧、锶、硼同位素，主微量和包裹体测温等手段对风城组碱盐、白云岩、燧石岩、硅硼钠石岩展开物质来源和成因分析，进而恢复沉积相空间展布和纵向演化特征，探讨古气候、古火山对风城组碱湖发育的影响。

第一节 碱盐地球化学特征及成因分析

研究区风城组的多数碱盐矿物多分散于泥质或云质等细粒沉积岩中，仅天然碱＋碳氢钠石易发育成层，碳钠镁石和氯碳钠镁石在风一段局部成层。层状碱盐主要为原始沉积产物，而分散于细粒沉积岩中的碱盐矿物主要以自生成岩作用或交代成岩作用形成。为更好地探讨碱盐沉积时期的湖水性质或成岩流体性质，对含碱盐泥质岩（沉凝灰岩）样品和含白云石、方解石或菱镁矿泥岩（沉凝灰岩）样品进行碳同位素测试。

分析结果表明，研究区风城组含碳酸盐矿物的样品碳同位素绝大多数大于 0，仅一个含方解石的泥岩样品碳同位素较低，为 -1‰。含 Na 碳酸盐样品（氯碳钠镁石、碳钠镁石及天然碱、碳氢钠石）和含 Ca/Mg 碳酸盐样品的碳同位素分布范围一致，整体在 0~8‰ 之间。其中含 Na 碳酸盐样品的碳同位素比值与井所在的位置和层位有关，风 20 井风二段天然碱的碳同位素比风南 7 井和风南 5 井的碳同位素略大 2‰，同一口井的氯碳钠镁石碳同位素大于天然碱。风二段的碳钠镁石碳同位素大于风三段碳钠镁石的碳同位素比值（图 4-1-1）。

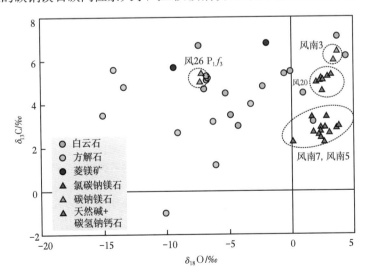

图 4-1-1 玛湖凹陷风城组不同碳酸盐岩（包括碱盐）的碳氧同位素比值交会图

研究区风城组含碳酸盐矿物样品的氧同位素比值的主要与含碳酸盐矿物的类型有关。含方解石样品氧同位素普遍比白云石的低，而含白云石样品泥质岩和云质岩比碱盐的氧同位素低。少数样品的白云石氧同位素比值大于0。一般而言，形成方解石的水体盐度最低，形成白云石的略高，而形成碱盐的最高，因此，风城组含碳酸盐矿物的氧同位素比值与流体盐度有关。而碱盐与湖泊和地下水中氧同位素浓缩程度有关，因此，碱盐主要形成于蒸发强的时期。

第二节　白云石地球化学特征及成因分析

一、碳氧同位素分析

对玛湖凹陷风城组不同产状的含碳酸盐细粒沉积岩样品进行碳氧同位素测试（图 4-2-1），样品岩性包括灰质泥岩、云质泥岩、泥质云岩、灰质—云质泥岩等。除一个灰质泥岩样品外，其余样品的碳同位素均大于0，主要介于0~6‰之间。灰质泥岩和云质泥岩的碳同位素差别较小，说明碳同位素与碳酸盐矿物的种类无关。氧同位素的变化较大，介于 –15‰~5‰ 之间。且方解石含量高的样品氧同位素普遍偏低，方解石＋白云石的样品氧同位素略高。富含白云石的样品，氧同位素普遍偏高一些（大于 –10‰），与白云石产状关系较小，而与白云石含量具有一定关系。样品中越富集白云石，氧同位素越高。

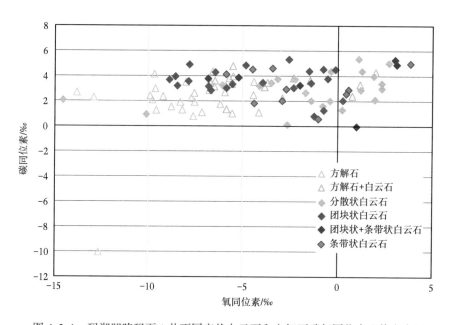

图 4-2-1　玛湖凹陷玛页 1 井不同产状白云石和方解石碳氧同位素比值交会图

碳酸盐岩的碳同位素与输入水体的碳同位素、水体中生物的光合作用、大气 CO_2 交换速率及有机质氧化等有关。有机质的氧化和大气 CO_2 交换程度增加均会导致碳酸盐碳同位素负偏。湖水中生物光合作用增强，吸收大量 $^{12}CO_2$ 导致剩余湖水碳同位素增加，但是研究区风城组碳同位素普遍大于0‰，湖水不可能一直保持高生产率，因此风城组碳同位素普遍正偏最有可能与输入水体的碳同位素有关。此外，埋藏阶段在产甲烷区形成的碳酸盐矿物，在产甲烷菌的作用下，碳同位素也是正偏。由于风城组细粒沉积物中方解石主要充填于裂缝或者蒸发岩铸模中，基质中无分散状的泥晶—微晶，因此方解石不是原生方解石，其碳同位素代表埋藏阶段地层水的同位素信息。

一般层状碱盐属于原生沉积矿物，其碳氧同位素可代表原始湖水的性质。由上一节碱盐的碳氧同位素比值可知，层状碱盐的碳同位素普遍在 2‰~6‰ 之间，说明原始湖水的碳同位素偏正。而在早成岩阶段形成的白云石、方解石，其碳同位素也偏正，说明风城组沉积时期的地下水亦富 ^{13}C。由此可见，风城组沉积时期的湖水物源区富 ^{13}C。

碳酸盐岩的氧同位素比值主要与湖水温度和湖水同位素组成有关，而湖水同位素组成与降雨量、流入湖水和蒸发量有关。风城组的氧同位素与样品中方解石的含量呈反比，而与白云石的含量呈正比，方解石一般形成于低 Mg^{2+}/Ca^{2+} 的地层水中，白云石形成于高 Mg^{2+}/Ca^{2+} 的地层水中。地层水中的 Mg^{2+}/Ca^{2+} 与盐度和蒸发程度有关。因此，样品的氧同位素反映了地层水的蒸发程度。云质岩中的白云石主要形成于产甲烷带，与地层毛细管蒸发作用有关。

二、原位 Sr 同位素分析

1. 蒸发岩假晶中的方解石和白云石

在玛湖凹陷西北缘风城组中常见晶型保存完好的蒸发岩假晶，呈短柱状、长柱状或者菱形，蒸发岩原始矿物可能为碳钠钙石、碳钠镁石或者天然碱等。晶型保存完好的假晶，一般充填方解石，解理发育。在蒸发岩假晶周围，常常发育中晶白云石，晶型完好。原位 Sr 同位素测试显示，同一个粗晶方解石的不同部分显示不同的 Sr 同位素比值（图 4-2-2a），大小相差 0.00011‰。相互毗邻的不同方解石晶体也显示不同的 Sr 同位素比值（图 4-2-2b），大

图 4-2-2　蒸发岩假晶中粗晶、巨晶方解石和中晶白云石的原位 Sr 同位素比值
（玛页 1 井，4692.08m）区域 1、2 为方解石，区域 3、4 为白云石

小相差 0.00014‰。相邻的方解石和白云石晶体显示相似的 Sr 同位素比值（图 4-2-2b），大小仅相差 0.00007‰。离方解石较远的中晶白云石，显示最低的 Sr 同位素比值，0.705911‰。整体上，方解石的 Sr 同位素比值大于白云石，但两者相差不大。

2. 富有机质微晶白云石和胶结物

玛页 1 井风一段火山岩顶部，湖相沉积最底部发育富有机质白云岩或者云质砂岩，白云岩以泥晶白云石为主，云质砂岩的胶结物主要由泥晶白云石组成，在荧光显微镜下，二者发强烈的荧光（图 4-2-3）。泥晶白云岩的原位 Sr 同位素比值相差大于 0.0001‰，从0.705695‰至 0.705852‰。整体上，该泥晶白云岩的 Sr 同位素比值小于蒸发岩假晶中的方解石和附近的白云石的 Sr 同位素比值。胶结物中的泥晶白云石，由于剥蚀点的直径较大，可能同时打到泥晶白云石胶结物和硅酸盐颗粒，Sr 同位素比值较大，为 0.716163‰，是此次测试的最大值。

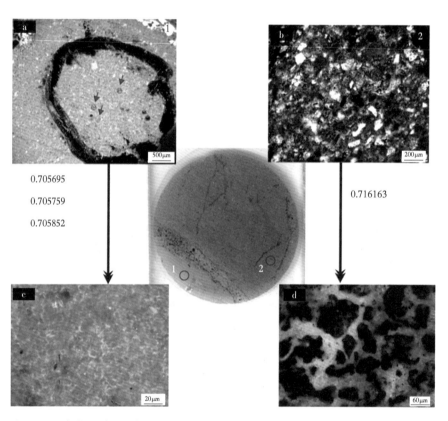

图 4-2-3　富有机质泥晶白云石、胶结物的原位 Sr 同位素比值（玛页 1 井，4859.3m；
区域 2 部分打到硅酸盐颗粒上）

3. 集合体白云石

集合体白云石是风城组白云石最重要的产状之一。同一集合体内的白云石 Sr 同位素比值相差不大，约为 0.00001‰，剥蚀点跨多个白云石晶体可能造成 Sr 同位素比值相差略大于 0.00001‰。而不同集合体之间的白云石 Sr 同位素比值相差较大，主要为0.0001‰（图 4-2-4）。集合体内不同产状的白云石，显示不同的 Sr 同位素比值，代表形成于不同时期。

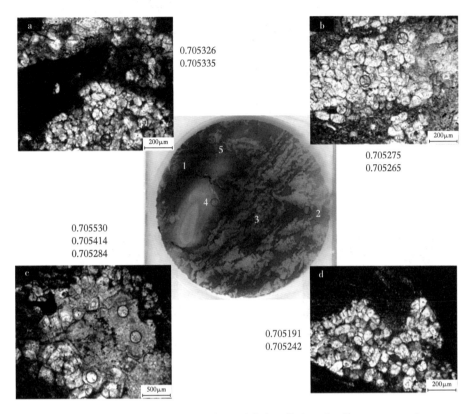

图 4-2-4　集合体状白云石原位 Sr 同位素比值（玛页 1 井，4069.22 m）

4. 分散状白云石

同一个样品，常常同时包含有不同类型的白云石。泥质基质中的分散状白云石，具有最低的 Sr 同位素比值，为 0.705472‰。集合体中的白云石 Sr 同位素比值略高，比值为 0.705689‰ 和 0.705675‰，比分散状白云石高 0.0002‰。而粉砂条带中的白云石，具有最高的 Sr 同位素比值，高达 0.705704‰ 和 0.705801‰，比分散状白云石高 0.0003‰（图 4-2-5）。

5. 整体解释

风城组白云石和方解石的原位 Sr 同位素测试结果，整体较风城组不同岩性的全岩 Sr 同位素测试结果小。凝灰岩类全岩 Sr 同位素比值为 0.706158‰ 至 0.708895‰，白云岩类全岩 Sr 同位素比值整体偏小，范围为 0.706307‰ 至 0.707028‰，蒸发岩类全岩 Sr 同位素比值变化范围较大，为 0.706672‰ 至 0.709384‰。由于湖相沉积物成分不均一，碎屑岩中常常含有碳酸盐矿物，碳酸盐岩和蒸发岩中含有硅酸盐矿物杂质，因此全岩的 Sr 同位素比值常常是碳酸盐、硅酸盐和蒸发岩的混合信息。二叠纪全球碳酸盐的 Sr 同位素组成（0.7067‰~0.7085‰），明显高于研究区的白云石和方解石，说明风城组沉积时期的湖水，虽可能为石炭纪的残留海水，但已经受陆源和火山作用强烈改造。其中陆源输入通常使湖水的 Sr 同位素比值增加，而幔源热液的输入可使湖水的 Sr 同位素比值降低。

图 4-2-5　分散状、集合体以及粉砂胶结物中白云石原位 Sr 同位素比值（玛页 1 井，4092.08m；区域 1 主要针对粉砂条带里面的白云石胶结物，区域 4 针对分散状白云石，区域 5 针对集合体白云石）

　　通过对不同产状的白云石进行原位 Sr 同位素分析，得出以下结论：（1）不同白云石集合体之间白云石具有不同的流体性质，同一集合体内白云石具有相同物源，说明白云石集合体并非在统一流体环境下形成，可能与局部基质组成有关。（2）同一样品中，砂岩条带中的白云石胶结物 Sr 同位素大于基质中分散状白云石，二者进一步大于集合体白云石，既有可能说明三类白云石形成于不同期次，也有可能说明三类白云石流体来源不同。（3）蒸发岩假晶中的方解石，不同部位具有不同的 Sr 同位素比值，与紧邻的白云石具有相同的 Sr 同位素比值，而比距离较远处的白云石 Sr 同位素比值大。蒸发岩假晶中的方解石充填与淡水淋滤有关，紧邻假晶的白云石可能与方解石形成时间相同。（4）幔源热液是白云石形成的重要物质来源之一。发强烈荧光的泥晶白云石和泥晶胶结物，可能沉积于热泉附近，其较低的 Sr 同位素指示受幔源热液的影响。

三、不同含镁矿物的 Mg 同位素比值对比

　　风城组含镁矿物较多（表 4-2-1），主要分为三类：（1）含镁碱盐，主要是指碳钠镁石和氯碳钠镁石；（2）含镁碳酸盐矿物，主要指白云石和菱镁矿；（3）含镁黏土矿物，主要指海泡石，坡缕石以及含镁蒙脱石、伊利石等。选取风二段和风三段的含镁矿物进行 Mg 同位素测试，包括氯碳钠镁石、白云石、菱镁矿、碳钠镁石等。测试结果表明，不同层段的沉积岩含镁矿物的镁同位素相对集中（图 4-2-6a）。风二段不同含镁矿物的镁同位素主要集中在 -0.2‰ 至 -0.6‰ 之间，沉积中心的氯碳钠镁石岩和斜坡区的白云岩的镁同位素比值

相似，说明沉积中心和斜坡区镁的来源相同。风三段的不同含镁矿物的镁同位素主要集中在 −1.2‰ 至 −1.0‰ 之间，其中沉积中心的碳钠镁石岩和斜坡区的白云岩的镁同位素比值也比较相似，说明镁的来源控制了含镁矿物的镁同位素比值。

表 4-2-1 风城组主要岩性的全岩 Sr 同位素比值

井号	深度 / m	岩性		$^{87}Sr/^{86}Sr$
风南 4	4577.3		凝灰岩	0.707477
风 6	1367.5		凝灰岩	0.706962
风 503	3093.5		凝灰岩	0.708895
风 503	3095.4		凝灰岩	0.706158
风城 011	3860.15		含云凝灰岩	0.706830
风 15	3349.88	凝灰岩类	含云凝灰岩	0.708172
风南 1	4210.4		云质凝灰岩	0.706429
风南 1	4320.7		云质凝灰岩	0.70630
风南 1	4361.28		云质凝灰岩	0.706709
风 26	3295.55		云质凝灰岩	0.707584
风 26	3300.17		云质凝灰岩	0.706840
风南 1	4183.8		白云岩	0.706341
风 5.3	3280.2		凝灰质白云岩	0.706307
风南 2	4103		含凝灰质白云岩	0.706281
风南 2	4100.48	白云岩类	含硅硼钠石凝灰质白云岩	0.706585
风南 3	4128		硅硼钠石质白云岩	0.707028
风 15	3074.8		含硅硼钠石白云岩	0.706835
风南 3	4128		复成分盐岩	0.706672
风南 2	4103		硅硼钠石纹层	0.706878
风南 2	4100.48	盐岩类	硅硼钠石纹层	0.708071
风 26	3300.17		硅硼钠石质碳钠镁石岩	0.709384
风 26	3303.68		碳钠镁石岩	0.708226

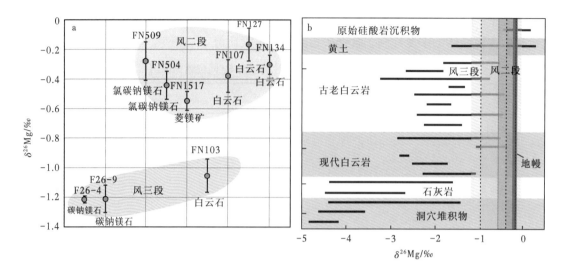

图 4-2-6　玛湖凹陷风城组不同含镁矿物的镁同位素对比

风城组的含镁蒸发岩和白云岩的镁同位素比值大于海相石灰岩和洞穴堆积物，也大于大多数古老和现代白云岩，但是小于地幔的镁同位素（图 4-2-6b），说明风城组沉积时期，玛湖凹陷的湖泊不受海水的影响，这与锶同位素的结论较为一致。其中风二段的镁同位素更加接近地幔，说明风二段沉积时期受幔源热液的影响更为强烈。

四、白云石成因模式

玛湖凹陷风城组白云石的成因存在争议，前人研究的观点包括准同生自生、灰泥白云石化（冯有良等，2011；张杰等，2012）、凝灰质—方解石—白云石转化（王俊怀等，2014；朱世发等，2014；Zhu et al.，2017）、热水改造沉积（Yu et al.，2019）等。本项目研究发现风城组中几乎难以发现泥晶或者微晶方解石，方解石主要以中晶或粗晶形式充填于干裂缝、假晶或者泄水构造中。通过对白云石薄片、阴极发光、C—O 同位素、Mg 同位素及原位 Sr 同位素比值的观察和分析，认为玛湖凹陷风城组白云石主要形成于早期成岩阶段，晚期热液成因的白云石在风城组中亦有分布，但分布比较少，不做讨论。早期成岩的方解石具有交代和自生两种成因，其中自生成因包括微生物诱导生成和基质溶解蚀变供镁生成，而交代成因可能与地下水活动有关。

1. 纹层状白云石：微生物成因

自 20 世纪 60 年代以来，多种模式已被陆续提出试图解答"白云石问题"。其中，"微生物白云石模式"能够成功地解释原生白云石沉积现象（李红等，2013）。从前期关注发现具有催化效能的功能微生物，到近年来深入刻画其催化机制，"微生物白云石模式"已逐渐扩展为"微生物（有机）白云石模式"。微生物通过其代谢活动可以提高细胞外微环境白云石的饱和度。此外，由于微生物细胞壁及细胞外聚合物富含负电荷基团，可以有效地螯合镁钙离子，从而促进镁钙离子摆脱水分子的束缚，进入生长的碳酸盐晶格中，最终可能导致白云石的生成。与微生物细胞外聚合物类似，自然界其他非微生物源的有机物可能也在低温白云石沉淀过程中起着不容忽视的作用。微生物诱导白云石沉淀的行为受水化学条件控制，其中溶液的盐度是重要的一类影响因子。微生物成因的白云石多呈球状、哑铃状和花椰菜状等形态。需要指出的是，越来越多的证据显示微生物（有机）成因的白云石为原白云石，而非有序白云石。层出不穷的沉积学记录显示古代碳酸盐岩中白云石有序度高，而全新世以来形成的白云石则多为原白云石或钙白云石，可能意味着这些无序或低有序度白云石会经埋藏成岩改造，趋向转变为理想符合化学计量比的有序白云石（许杨阳等，2018）。

研究区纹层状白云石赋存于藻纹层中，且普遍发荧光，说明微生物在白云石形成过程中起到诱导作用。由于大部分纹层状白云石 C 同位素偏正，说明起主要作用的是产甲烷菌。

2. 分散状白云石：交代成因

风城组沉积时期，火山活动强烈，凝灰物质丰富，且绝大多数黏土矿物均含有一定量的镁。凝灰物质和含镁黏土矿物在埋藏过程中不稳定，容易发生溶解或者转化成为其他黏土矿物。原位 Sr 同位素的研究表明局部物源对白云石形成的重要性，即使是相同产状的白云石，如白云石集合体，Sr 同位素比值在不同的集合体中不同，主要与周围黏土矿物和凝灰物质硅酸盐化有关。周缘黏土矿物和凝灰物质转化提供的 Mg^{2+}（图 4-2-7），直接供应给白云石。

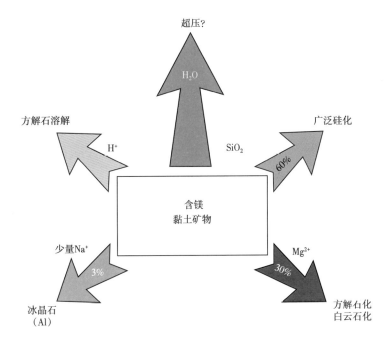

图 4-2-7 碱湖沉积物中含镁黏土矿物溶解产物（据 Tosca and Wright, 2015）

针对火山物质蚀变促进白云石的形成，王怀俊等（2018）提出两种方式：（1）交代原岩为火山凝灰物质；（2）火山凝灰物质蚀变白云岩化。交代火山凝灰物质的证据主要有：X衍射显示黏土矿物含量很低（平均为 7.6%），非传统泥岩；阴极发光显示白云石、方解石斑晶均赋存在火山凝灰物质中，并见白云石交代斜长石残余结构，交代原始矿物为凝灰物质中的斜长石，其中白云石发红色光，斜长石发蓝色光；扫描电镜中，白云石多发育雾心亮边交代残余，常见白云石斑晶与玻屑、火山玻璃脱玻化成因的隐晶质石英共生，很少见黏土矿物，这与 X 衍射的数据分析结果相符。火山凝灰物质中的火山玻璃极易水解，在碱性地层水条件下，析出的产物是蒙脱石、斜长石和石英。研究区黏土矿物类型以蒙脱石和伊利石为主，蒙脱石向伊利石转化过程中可释放出大量 Na^+、Ca^{2+}、Mg^{2+} 等，释放出的 Ca^{2+} 有利于方解石的形成；斜长石也容易发生溶蚀，溶蚀析出的 Ca^{2+} 结合地层水中的 CO_3^{2-}、CO_2 可形成方解石。后期富 Mg^{2+} 卤水沿断裂、层间缝、微裂缝渗滤早期形成的方解石，成岩交代形成团块状、丝絮状、星散状等不同产出特征的白云岩。

3. 集合体—分散状白云石：地下水云结岩

咸化湖泊在气候波动的影响下，湖平面升降频繁，在咸化湖水、大气淡水、地下水此进彼退、此强彼弱的接触混合过程中，刚沉积的蒸发岩和碎屑沉积物会发生一系列的早期成岩改造（Alonso-Zarza et al.，2002；Bustillo，2010），蒸发岩的溶解为地层水提供丰富的盐类离子，促进早成岩改造。弱改造情况下形成钙质、云质胶结的泥岩、砂岩、砾岩，中等改造的情况下在碎屑岩中形成钙质、云质或硅质结核、条带等，强烈改造情况下原始碎屑沉积物被大部分交代，形成钙质、云质或者硅质层。方解石、白云石成岩形成与水体古盐度密切相关，硅质形成与水体碱度和盐度密切相关。在大陆环境下，地表和近地表的成岩作用在古地理建造和古气候恢复方面越来越引起重视（Summerfield，1983；Alonso-Zarza and Wright，2010；Bustillo，2010；Guo et al.，2021）。玛湖凹陷风城组因其高盐度和高碱度湖泊环境，以发育云结岩为主，硅结岩和钙结岩仅局部可观察到。

在观察风城组岩心时，发现白云石的分布呈现局部富集状态，薄片尺度反映指状流动痕迹，白云石化沿不同方向呈现指状突进。该突进一方面使原岩沉积物发育大量白云石，另一方面加大原始沉积厚度，同时也保留了原始沉积的部分构造。在两侧指状突进白云岩化彻底的情况下，地层以白云石组成为主，但白云石条带之间仍保留原岩。

上述现象指示白云石形成于早成岩阶段，地层尚未固结（图 4-2-8），原因如下：（1）在肠状燧石发育的层段，燧石层由于收缩失水，与上下地层存在层间缝，白云石生长于层间缝间，挤压软的燧石层。（2）白云石化发育于具大量根痕构造的泥岩中，云化过程明显晚于根痕的发育，具有弱化根痕的现象；而上段根痕明显避开白云化层段，因为云化的地层水较咸，说明云化过程早于上段地层根系发育。（3）通过统计发现，同一层位，粗碎屑层段较细碎屑层段更易发生白云石化作用，主要是因为粗碎屑层段空隙更为发育，有利于富镁流体的进入。

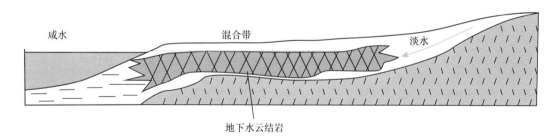

图 4-2-8　风城组地下水白云岩形成机制

风城组"流动"白云岩化作用与国际上广泛报道的地下水云结岩（groundwater dolocrete）发育特征相似，Colson 和 Cojan（1996）提出地下水混合作用，蒸发湖水和地下水的混合导致湖泊边缘沉积物发生大规模白云岩化。地下水云结岩在粗碎屑中白云石化主要表现为细晶—中晶白云石在颗粒间的自生结晶，或交代颗粒间的细粒杂基等，交代较完全者表现为难溶石英颗粒漂浮于白云石间。云结岩亦可在松散沉积物中发育白云石层。云结岩主要形成于干旱条件，平均年降水量为110~280mm，蒸发量为2000~3000 mm（Mann et al.，1979；Carlisle，1983；Arakel，1986）。第四纪云结岩主要发现于内陆地区，形成于流动性的地下水中，具有较高的 Mg^{2+}/Ca^{2+}（Mann et al.，1979；Carlisle，1983；Arakel，1986）。Wright 和 Tucker（1991）将云结岩的形成机制归纳为三种：（1）CO_2 放气作用；（2）流动浅地下水的蒸发作用和蒸腾作用；（3）离子富集作用，其中最重要的是蒸发作用。

第三节 燧石地球化学特征及成因分析

一、主微量分析

主量元素分析结果（表4-3-1）显示，风城组燧石样品的 SiO_2 含量变化范围为53%~97.18%，平均值为74.6%；相对于纯燧石来说 SiO_2 含量较低。CaO 含量为0.12%~9.19%，平均值为5.0%；MgO 含量为0.28%~6.44%，平均值为3.46%；TiO_2 含量为0.02%~0.25%，平均值为0.16%；Al_2O_3 含量为0.32%~7.86%，平均值为3.08%；CaO 含量为0.13%~9.19%，平均值为5%；MnO 含量为0.004%~0.051%，平均值为0.03%。

表 4-3-1 玛页 1 井风城组燧石主量元素比值

深度 /m	SiO₂/%	K₂O/%	Na₂O/%	CaO/%	MgO/%	Al₂O₃/%	Fe₂O₃/%	MnO/%	TiO₂/%	P₂O₅/%	LOI/%
4741.68	97.187	0.069	0.127	0.128	0.281	0.322	0.359	0.004	0.027	0.003	0.501
4742.28	73.922	1.5	1.207	4.741	3.704	3.652	1.568	0.037	0.162	0.016	8.662
4720.37	58.352	1.32	3.786	8.704	6.03	4.064	1.788	0.041	0.178	0.026	15.016
4721.97	69.868	0.88	1.933	6.335	4.604	2.44	1.339	0.026	0.157	0.017	11.586
4723.69	89.611	0.599	0.573	1.513	1.341	1.504	0.676	0.01	0.076	0.002	3.154
4724.5	53.004	2.93	2.902	7.803	6.439	7.862	3.207	0.07	0.451	0.026	14.604
4724.88	70.591	1.13	1.427	5.76	4.253	3.351	1.588	0.029	0.231	0.016	10.775
4727.43	87.716	0.412	2.341	1.763	0.748	1.462	0.556	0.01	0.067	0.015	3.99
4700.43	90.869	0.416	0.229	1.581	1.099	0.81	0.502	0.015	0.052	0.007	3.435
4746.25	81.98	0.869	0.995	3.163	2.31	2.276	1.069	0.025	0.103	0.012	6.224
4753.56	60.627	1.8	1.374	8.456	5.776	4.221	2.048	0.051	0.249	0.028	14.595
4755.36	91.903	0.344	0.436	1.169	0.903	1.067	0.615	0.009	0.069	0.005	2.476
4761.46	73.554	1.06	0.918	5.548	4.285	2.704	1.508	0.032	0.139	0.013	9.381
4766.47	61.497	1.47	0.624	9.19	6.418	2.652	1.618	0.038	0.169	0.013	15.591
4785.73	74.655	2.49	1.109	3.839	2.262	4.684	2.078	0.042	0.256	0.031	7.647
4788.32	70.344	1.81	1.069	6.811	3.141	3.83	1.668	0.039	0.194	0.031	10.242
4789.7	70.164	0.771	0.677	7.049	5.043	1.86	1.059	0.031	0.109	0.011	12.403

深度 /m	SiO₂/%	K₂O/%	Na₂O/%	CaO/%	MgO/%	Al₂O₃/%	Fe₂O₃/%	MnO/%	TiO₂/%	P₂O₅/%	LOI/%
4792.8	75.692	2.04	1.256	3.615	2.816	4.371	1.848	0.029	0.219	0.037	7.208
4811.12	69.39	2.28	0.481	6.821	4.187	3.334	1.718	0.042	0.183	0.024	10.742
4808.87	74.53	2.66	0.456	4.683	3.38	3.717	1.289	0.029	0.126	0.028	8.283
4808.87	68.748	3.78	0.548	5.516	3.953	5.148	1.658	0.04	0.163	0.041	9.632
4814.43	68.076	2.25	0.517	6.555	4.618	3.339	1.588	0.035	0.169	0.023	11.97
4815.15	81.569	1.8	0.5	3.548	1.865	2.879	1.329	0.025	0.162	0.021	5.347
4809.91	71.593	2.01	0.461	5.943	4.321	2.981	1.518	0.032	0.135	0.013	10.185
4810.25	63.854	3.33	0.57	6.871	5.164	4.594	2.168	0.039	0.207	0.018	12.41
4853.57	85.322	1.11	0.446	1.874	3.186	1.826	0.872	0.011	0.097	0.009	4.312
4849.22	79.608	1.74	0.227	6.265	1.374	2.226	0.779	0.02	0.064	0.018	6.783

　　稀土元素分析结果显示，风城组燧石总稀土含量为 2.26~116.17μg/g，平均为 36.65μg/g；稀土元素含量与下地壳值接近，LREE/HREE 比值为 3.65~26，平均为 7.85；（La/Yb）N 比值变化范围 2.14~29.01 之间，平均值约为 7.23，轻重稀土具有中等强度的分馏特征；GdN/YbN 比值在 0.34~3.96 之间，平均为 1.47，重稀土分馏不明显。LaN/SmN 比值为 2.84~9.55，平均为 6.14，轻稀土分异中等；风城组燧石稀土元素分布曲线整体向右倾斜，轻稀土较为富集；重稀土较为平缓。与前人对该研究区其他类型沉积岩稀土元素配分模式研究相似（图 4-3-1）。

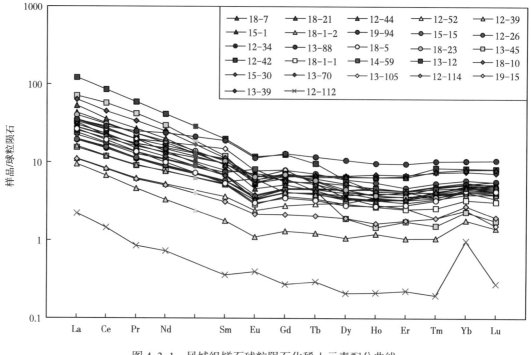

图 4-3-1　风城组燧石球粒陨石化稀土元素配分曲线

二、燧石成因模式

碱湖特殊的火山背景和高 pH 值的水体性质，造成对燧石成因的探讨需要综合多方面的考量。通过对燧石岩石、矿物学精细研究，风城组燧石可以分为生物、蒸发、交代三种成因类型，三类不同成因的燧石岩在矿物岩石学和地球化学特征上各有不同。在碱湖—火山沉积背景下，不同的主控因素诱导或控制着硅质的富集与沉降。

生物成因燧石在岩心上主要表现为受生物控制的燧石层与云质层明暗相间互层，其中燧石层发育大量硅质球体，与美国犹他盆地始新世绿河组燧石层中发育的藻类有机体相似，在高倍镜下可以明显见到硅质球体具有内外圈层特征，内部颜色较深，硅质含量较少，外部亮色层主要为一些硅质成分。绿河组燧石层中硅质球体被解释为一类菌藻类有机体。与绿河组不同的是，风城组硅质球粒不显荧光特征，而绿河组燧石层中的球粒在不同发育部位发荧光程度不同（Kuma et al., 2019）。这可能是由于风城组热演化程度较高，藻质体已大量生烃。绿河组燧石与风城组燧石层中还具有越靠近燧石中心硅质较纯的部位，藻类有机体含量越少的特征（Kuma et al., 2019）。藻类是生物成因燧石的主要控制因素，风城组沉积期夏子街地区火山活动频繁，发育大套火山岩。在碱湖斜坡及平台区沉积了大量的火山灰等物质，火山灰能为湖泊中生物生长提供营养物质，大量勃发的微生物为燧石的沉积提供了良好的基础。

蒸发成因燧石岩往往以发育大量特殊沉积构造为特征，如干裂构造、帐篷状构造和"V"字形收缩缝，代表该类燧石岩沉积期主要处于暴露环境中，水体深度较浅。燧石层大多呈不连续或不规则产出，这是由于水体在干旱条件下直接蒸发浓缩沉积的燧石往往受到环境控制作用较大，单层燧石往往厚度不一且不连续。蒸发成因的燧石与东非裂谷Magadi 湖中的 Magadi-type 燧石相似。Magadi-type 燧石被认为是一类发育在碱湖环境中的无机成因燧石岩，是通过含水钠硅酸盐通过一系列反应转化形成稳定的石英形成的。该类燧石发育大量"V"字形收缩缝；软沉积变形现象明显；石英晶体具有特殊的直线网格消光（Schubel et al., 1990；Behr, 2000）。风城组燧石岩在沉积环境及矿物岩石学特征方面与 Magadi-type 燧石岩具有良好的对比性。

硅质流体来源是解释交代成岩作用的关键点，Maliva 和 Siever（1989）提出的交代成因燧石岩只涉及硅质形成过程中的沉淀机理，不能作为证明交代成因的重要证据。风城组部分燧石结核具有明显的交代残余现象，主要残余碳酸盐矿物，包括方解石、碳钠钙石、碳钠镁石等，可作为解释交代成因燧石岩的良好载体。盐岩矿物赋存的岩石孔洞较为发育，高角度裂缝和斜交缝是流体运移的良好通道，玛湖凹陷内部亦发育大量断裂构造带，为硅质流体运移提供了良好的条件。富含大量溶解 Si 的湖水沿裂缝进入盐岩矿物周围，高 pH 值的碱性流体为交代作用的发生提供背景。盐岩矿物的高活跃性与不稳定性使得它极易受到转化，富含硅质的碱性流体对于诸如碳钠钙石等矿物的交代是燧石岩形成的重要组成部分。

主量元素含量作为判断岩石成因的有效手段，Fe、Mn、Al 等元素在燧石成岩过程中都比较稳定，是区分热水沉积与非热水沉积燧石的重要指标，可以用来判别燧石成因类型。Fe、Mn 含量变化主要与热水参与有关。Al、Ti 含量可用于衡量燧石形成过程中陆源物质的参与度。热液活动导致燧石成岩流体中 Fe、Mn 含量相对较高（Herzig, 1988；

Zhou et al., 1994），生物成因燧石具有较高的 Si、P 和较低 Al、Ti、Fe（Hesse, 1989）。
Murray（1994）提出使用 Al/（Al+Fe+Mn）比值来衡量燧石成因，其中生物成因燧石的
Al/（Al+Fe+Mn）比值为 0.6，热液成因燧石的 Al/（Al+Fe+Mn）比值小于 0.6。Bostrom 等
（1972）指出 Al/（Al+Fe+Mn）—Fe/Ti 判别图解可用来判断燧石岩成因，其中生物成因相
关燧石岩的 Al/（Al+Fe+Mn）比值大于 0.6，Fe/Ti 比值小于 10，主要处于判别图的右下方。
MnO/TiO_2 比值可作为判断硅质沉积物与大洋盆地亲疏的重要标志，距离大陆较近的大陆
坡和边缘海环境中硅质沉积物的 MnO/TiO_2 比值小于 0.5。CaO/（Fe+CaO）可用来反应水
体盐度变化，比值小于 0.2 代表水体盐度较低，0.2~0.5 代表中等盐度，大于 0.5 代表较高
盐度（雷卞军等，2002）。K_2O/Na_2O 比值可用来判别生物成因燧石（张汉文，1991），其比
值远大于 1。

　　风城组燧石除一个样品外，其余样品的 Al/（Al+Fe+Mn）比值均在 0.6 左右，平
均值为 0.61，与生物成因燧石的地球化学特征相似，落在三角判别图的正常沉积区
（图 4-3-2a），指示热液对硅质成岩影响较小。Al/（Al+Fe+Mn）—Fe/Ti 判别图解
（图 4-3-2b）中燧石均处于生物成因区域。相比于热液燧石富集 Fe、Mn 等元素，研究
区燧石 Fe、Mn 相对含量较低，Al、Ti 含量相对较富集，可见研究区燧石并未受到明显
的湖底热液影响。K_2O/Na_2O 比值主要分为两部分，一部分以埋深为 4714~4774m 为代
表的比值均小于 1，平均值约为 0.89；一部分以埋深为 4786~4860m 燧石为代表的比值
远大于 1，平均约为 3.92，指示风城组燧石具有多种成因类型。CaO/（Fe+CaO）作为衡
量沉积水体盐度特征的指标，研究区燧石的 CaO/（Fe+CaO）比值变化区间在 0.73~0.92
之间，平均值约为 0.81，可见风城组燧石成岩水体处于高盐度环境，与前人对该地区的
研究结果一致。

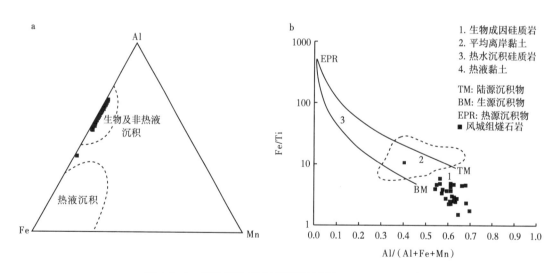

图 4-3-2　风城组燧石成因判别图（据 Lu et al., 2018）

　　微量元素特征可以很好地反映成岩流体的性质，一般燧石中微量元素含量相对较低。
通过将研究区燧石微量元素与地壳克拉克值相比较，发现除 Sr 和少部分样品的 U 以外，
其余样品的微量元素均小于地壳克拉克值。研究认为微量元素中 Ba、U、Sb 富集与热液

活动作用有关（周永章，1990；彭军等，2000），研究区燧石微量元素中 Ba 含量远低于地壳克拉克值，平均含量约为地壳克拉克值的 1/5，大部分样品 U、Sb 含量也远小于地壳克拉克值。综上所述，研究区燧石并不具有明显的热水沉积特征，指示陆源沉积物影响程度的 Ta、Cs 元素含量也相对较低，表明燧石沉积期受陆源碎屑物质影响较小。燧石 Th/U 比值变化范围为 0.11~1.85，平均比值约为 0.69，远低于地幔值与地壳值。

稀土元素在岩石沉积之后很少受到各种地质作用的影响，因此可以用作研究岩石成岩流体来源分析。Ce、Eu 两种元素由于特殊的地球化学性质，对于分析成岩环境具有指示性意义，通过计算燧石 Ce 异常（Ce/Ce*）和 Eu 异常（Eu/Eu*）可以用来判别其沉积环境信息，对于指导燧石成因分析具有重要作用。在稀土元素配分模式上，δEu 值大于 1 显示具有 Eu 正异常，Eu 正异常通常被认为是在氧化还原环境与温度共同控制作用下形成的（Klinkhammer et al.，1994；郑荣才等，2018），与热水活动有关。风城组燧石 δEu 具有两种比值结果，在 27 个研究样品中，仅有 4 个样品显示具有 Eu 弱正异常，δEu 比值作为判别热液活动相当灵敏的一个标志，研究区显示正异常的燧石 δEu 比值也相对不高，反映这些燧石沉积期热液活动距离较远，受到的影响相对较小。其余样品 δEu 值均小于 1，引起 Eu 负异常主要由于在沉积水体中 Eu^{3+} 亏损，Eu^{2+} 在水体中富集。风城组燧石具有的明显 Eu 负异常，反映风城组大部分燧石处于较强的还原环境，沉积流体并未受到热液活动的影响。研究区燧石 δCe 比值均小于 1，平均值为 0.93。δCe 负异常通常是由沉积环境和沉积速率共同决定。Ce 异常作为有效判别沉积环境是处于氧化还是还原环境的指标（姚通等，2014），在氧化环境下，水体中 Ce^{3+} 容易被氧化为相对溶度积较小的 Ce^{4+}，最终导致沉积物在稀土配分曲线中呈现 Ce 负异常；在还原环境下，水体中 Ce 主要以 Ce^{3+} 形式存在，Ce 主要表现为弱异常甚至正异常。研究表明，沉积物中 Ce 异常受 La 丰度变化的干扰，当 La/Sm > 0.35、且与 Ce/Ce* 无相关性时，用 Ce 异常判断沉积环境是有效的（Morad et al.，2001）。研究区准噶尔盆地西北缘风城组燧石样品 La/Sm 分布区间为 0.42~1.43，平均约为 0.92，比值高于 0.35，La/Sm 与 Ce/Ce* 的决定系数为 0.074（图 4-3-3a），可作为判断沉积环境有效指标。Bau 和 Dulski（1996）提出使用 Ce/Ce*—Pr/Pr* 图解来判断真正的 Ce 异常。此判别图解中，风城组燧石样品大多落在正异常区域，少部分落在无异常区，指示该地区燧石沉积时湖水处于还原环境（图 4-3-3b）。

风城组硅质富集主要受到生物、气候和火山活动共同控制。碱湖水体作为与燧石形成密切相关的介质，其高 pH 环境使得 SiO_2 得以大量溶解保存。火山灰等物质在水体中沉积并发生降解，释放出大量金属阳离子和溶解 SiO_2，进一步使得水体中溶解 SiO_2 饱和度逐渐上升，为硅质沉积提供良好的背景。干旱—半干旱与湿润气候循环往复使得沉积背景变化不一，也形成了风城组这一类以岩性变化迅速、岩石组合类型多样为特征的特殊沉积体。

针对风城组燧石发育的特征，本文建立了一个碱湖—火山—燧石的沉积新模式（图 4-3-4）。该模式图中，针对不同成因燧石进行划分，结合生物—气候—火山活动共同控制分析燧石形成模式。生物成因燧石：硅质沉积主要受到生物作用控制，在风城组中具体表现为藻类与白云质共同沉积，在软沉积阶段受到外力作用和水体活动特征发生变形并做进一步胶结，藻类与云质发生分层，其后藻类有机物逐渐降解，降低了周围环境的

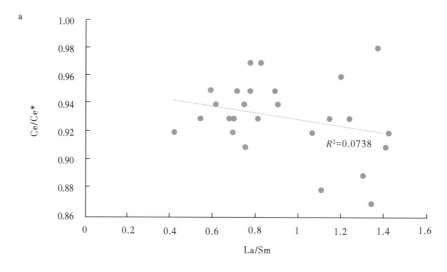

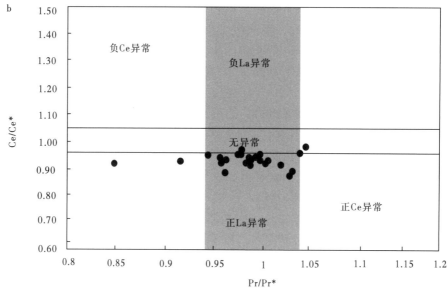

图 4-3-3 风城组燧石稀土元素异常判别图解（据 Lu et al., 2018）

pH 值，水体中大量的变化溶解 SiO₂ 随即发生沉降，最终形成在岩性上与云质岩呈纹层状不规则互层的现象，内部还保留大量生物遗体。蒸发成因燧石：主要为受到气候控制的一类燧石，沉积期处于干旱甚至是暴露环境中，发育大量蒸发沉积构造特征，如帐篷状构造等。该沉积环境中燧石主要呈不连续条带状，沉积作用发生在碱岩矿物沉积后，水体 pH 值下降导致的硅质溶解度降低，最后形成硅质的沉降。交代成因燧石：该类燧石形成发生在沉积后生期阶段，水体中富含的大量溶解硅沿裂隙进入原岩中，由于 Ca、Na 等元素金属活动性较强，易于水体中的 Si 发生置换，形成燧石，这类燧石往往具有交代残余现象，硅质产状受到原岩控制，呈透镜状、结核状。

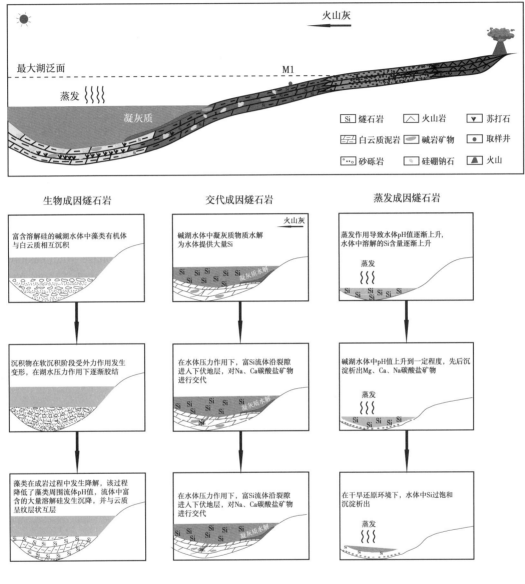

图 4-3-4 风城组燧石成因模式图

第四节 硅硼钠石地球化学特征及成因分析

一、硼同位素分析

玛湖凹陷风城组硼浓度为典型的火山—沉积型硼矿型，沉积构造背景与西土耳其 Beypazar 碱矿相似，赋存于火山喷发强烈的碱性盐湖中。经过岩石学、矿物学及扫描电镜的分析确定后，选取了 4 件具不同产状的硅硼钠石样品进行了硼同位素的测定，测试结果见表 4-4-1。本次研究针对具不同产状的硅硼钠石进行硼同位素的测定，结果显示，硅硼钠石样品的 $\delta^{11}B$，介于 0.33‰~2.13‰ 之间，平均值为 1.08‰，对硅硼钠石 $\delta^{11}B$ 特征分析，特征完全不同于海相蒸发碳酸盐，流体来源更加倾向于岩浆及深部热液（图 4-4-1）。

表 4-4-1　不同产状的硅硼酸盐矿物 B 同位素组成

井号	深度 /m	产状	岩性	$\delta^{11}B$/‰
风南 1 井	4359.50	高度富集	硅硼钠石	0.33
风南 2 井	4041.30	条带状	硅硼钠石	0.43
风南 1 井	4237.70	条带状	硅硼钠石	1.42
风南 1 井	4327.40	条带状	硅硼钠石	2.13

根据室温下流体包裹体内的相态组合和显微荧光特征，本文将研究区内流体包裹体分为五类：（1）无可见气泡的单液相的盐水包裹体（Liquid–only inclusisions，L–O）；（2）气液比小于 50% 的两相（气相＋液相）盐水包裹体（Liquid–dominated biphase –inclusisions，L–D）；（3）荧光下发蓝光的单液相的油包裹体；（4）荧光下发蓝光的气液比小于 50% 的气液两相油包裹体；（5）荧光下发黄光的油包裹体。

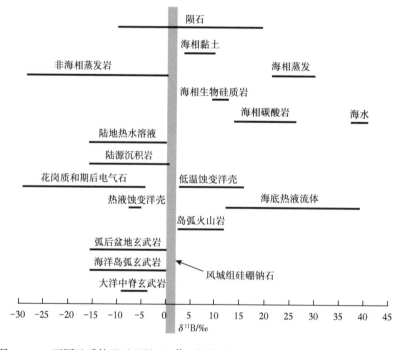

图 4-4-1　不同地质体及硅硼钠石 $\delta^{11}B$ 分布（据 Warren，2006；程家龙等，2010）

二、流体包裹体测温分析

流体包裹体的产状主要包括 4 类。

（1）生长环带中的包裹体（growth zone，GZ），呈生长环带产出的包裹体往往表现着矿物的生长特征（图 4-4-2a、b）这些包裹体被认为是可靠的原生包裹体，在同一个生长环带内的流体包裹体同属于一个 FIA（Goldstein，1994）。

（2）团簇状分布的包裹体（图 4-4-2c），他们通常是聚集在一个相对小的区域内，团簇状分布的包裹体可能是原生，也可能是次生。当他们是原生的包裹体时则同属于同一个 FIA，在本文研究中，团簇状分布的包裹体被当作次生包裹体来处理（Schubel et al.，1990）。

（3）随机分布（random population，RP）的包裹体，这类包裹体随机、无特定方向的分布在一个相对较大的区域里（图 4-4-2d），这类包裹体成因未知，既可能是原生也可能是次生（呈密集的微裂隙重叠在一起）（Goldstein，1994）。在任何的情况下，此类包裹体都不属于同一个 FIA。

（4）长愈合裂纹（long trail，LT）中的包裹体，长愈合裂纹指的是切穿了矿物边界的愈合裂纹（图 4-4-2e、f），呈愈合裂纹产出的包裹体被认为是典型的次生包裹体（Goldstein，1994），产出于同一个愈合裂纹中的包裹体属于一个 FIA。

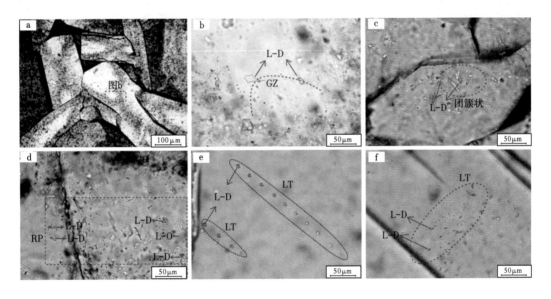

图 4-4-2　硅硼钠石流体包裹体产状特征

a——风南 2 井，4100.58m，包裹体片，单偏光，硅硼钠石；b——风南 2 井，4100.58m，包裹体片，单偏光，硅硼钠石中由流体包裹体围限出的生长带（GZ）；c——风南 1 井，4196m，硅硼钠石中呈团簇状分布（Cluster）的流体包裹体；d——风南 1 井，4100.58m，包裹体片，单偏光，硅硼钠石中随机分布（RP）的流体包裹体；e——风南 3 井，4129.6m，切割碳钠钙石晶体的长愈合裂纹（LT）；f——风南 1 井，4197.6m，包裹体片，单偏光，切割硅硼钠石的长愈合裂纹（LT）

通过系统的流体包裹体岩相学的分析，研究区域的包裹体主要呈以下四种组合形式。（1）硅硼钠石矿物生长环带中检测到气液比相对一致的富液相两相盐水包裹体。（2）切割硅硼钠石的长愈合裂纹中检测到富液相两相盐水包裹体。（3）切割硅硼钠石的长愈合裂纹检测到发绿色荧光的富液相两相油包裹体（图 4-4-3a、b）。（4）多条切割硅硼钠石的长愈合裂纹中检测到发黄色荧光和发蓝色荧光的富液相两相油包裹体（图 4-4-3c、d）。切割硅硼钠石的长愈合裂纹中检测到，发黄色荧光的富液相两相油包裹体和富液相的两相盐水包裹体（图 4-4-3e、f）。

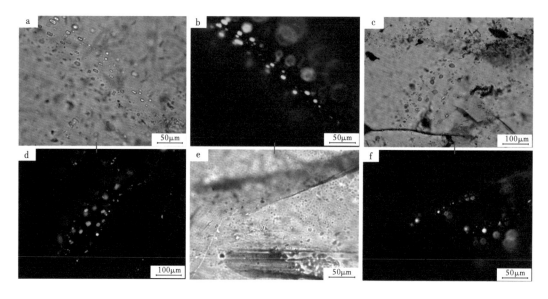

图 4-4-3 硅硼钠石流体包裹体流体特征

a——风南 1 井，4230m，包裹体片，单偏光，切割硅硼钠石的长愈合裂纹，气液两相油包裹体；b——风南 1 井，4230m，包裹体片，荧光照片，和 A 位于同一视域，荧光色为蓝色的气液两相油包裹体；c——风南 1 井，4230.9m，包裹体片，单偏光照片，切割硅硼钠石的多条长愈合裂纹，气液两相油包裹体；d——风南 1 井，4230.9m，包裹体片，荧光照片，和 C 位于同一视域，荧光色为黄色和绿色的气液两相油包裹体；e——风南 1 井，4236.4m，包裹体片，单偏光，切割硅硼钠石的长愈合裂纹，气液两相盐水包裹体和气液两相油包裹体；f——风南 1 井，4236.4m，包裹体片，荧光照片，和 E 位于同一视域，发黄色荧光的油包裹体和不发荧光的富液相两相盐水包裹体

本次研究主要是针对硅硼钠石矿物生长环带中检测到气液比相对一致的富液相两相盐水包裹体（L–D）和切割硅硼钠石的长愈合裂纹中检测到的、发黄色荧光的富液相两相油包裹体和富液相的两相盐水包裹体（L–D）进行显微测温。

生长环带中检测到气液比相对一致的 L–D 共 15 个，组成 3 个 FIA，3 个 FIA 显示出一致性的测温数据（表 4-4-2），15 个 L–D 均一温度（Th）范围为 100~116℃（图 4-4-4）。在进行冰点温度的测试中，将温度降到 –185℃，未将其冻结，并且在回温的过程中也未将其冻结，所以无法测出其冰点温度，证明其含有较高的二价阳离子，盐度相对较高。

表 4-4-2 硅硼钠石原生流体包裹体显微测温数据

井位	深度 /m	产状	流体包裹体组合	包裹体类型	大小 /μm	均一温度 /℃	冰点温度 /℃
风南 2 井	4100.58	生长带	FIA–1	富液相气	20	112	未冻结
				液两相盐	10	100	未冻结
				水包裹体	15	111	未冻结

续表

井位	深度 /m	产状	流体包裹体组合	包裹体类型	大小 / μm	均一温度 / ℃	冰点温度 / ℃
风南 2 井	4100.58	生长带	FIA–2		5	112	未冻结
				富液相气	4	100	未冻结
				液两相盐	4	111	未冻结
				水包裹体	5	112	未冻结
					4	100	未冻结
					4	111	未冻结
风南 2 井	4100.58	生长带	FIA–3		6	104	未冻结
				富液相气	5	103	未冻结
				液两相盐	7	109	未冻结
				水包裹体	5	110	未冻结
					7	116	未冻结
					6	112	未冻结

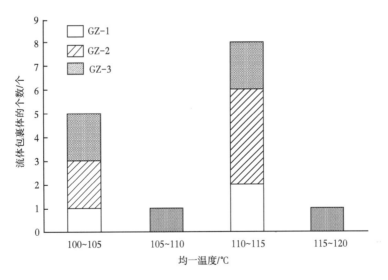

图 4-4-4　硅硼酸盐原生流体包裹体均一温度统计直方图

切割硅硼钠石的长愈合裂纹中检测到的发黄色荧光的富液相两相油包裹体（L–D）。油包裹体的均一温度较低，共 19 个，均一温度范围为 36~75℃，平均值为 51℃，冰点温度无法进行测量。次生的 L–D 共 23 个，组成 5 个 FIA，5 个 FIA 均一温度具一致性，均一温度范围为 90~108℃，冰点温度为 –14.9℃ 至 –8.7℃，平均值为 –11.1℃。

三、硅硼钠石成因模式

1. 硼与火山—碱湖的关系

碱性湖泊，pH 值通常在 9 到 12 之间，HCO_3^-+CO_3^- 相比 Mg^{2+}+Ca^{2+} 更加富集，盐度高者又称苏打湖。一般来说，碱湖是陆地盆地内、干旱或半干旱地区的蒸发作用下形成或目前正在形成的，部分卤水由地表溪流和热泉提供，周围有丰富的富含钠的火山物质和岩浆岩。尽管世界各地的干旱地区都存在现代碱性湖泊，但主要的碳酸钠盐湖分布在东非大裂谷系。热液活动和泉水在微生物有机质的早期成熟和蒸发岩矿物的形成中起着重要作用。

在盐湖的扩张期间积累的油页岩与天然碱交替出现。此外，包括自生硅酸盐在内的非蒸发岩矿物也在火山碎屑岩地形的碱性湖泊中形成，已知有二十多种含钠蒸发岩矿物，包括碳酸盐、氯化物、硫酸盐、硼酸盐和硼硅酸盐（Smith et al.，1964；Eugster et al.，1965）。人们不仅仅关注碱湖中发育的碳酸盐矿床，同时碱湖中的发育的硼酸盐矿床也渐渐成为了焦点。现在在美国的西部、南美洲和土耳其西部的碱湖（或盐湖）沉积物中都发现了商业级的硼酸盐矿物，如硬硼酸钙石、硼钠钙石、硼砂、八面硼砂及斜方硼砂（Surdam，1977；Helvaci，1978；Barker et al.，1979；Countryman，1977；Alonso et al.，1988）。现代和古代的硼酸盐沉积矿床一般位于火山热液流补给的地层中（Barker et al.，1985；Alonso，1991；Helvaci，1995；Smith et al.，1996；Helvaci et al.，1998；Tanner，2002），一些学者对硼酸盐矿物进行岩石学观察，发现矿物具独特的条带状沉积建造，结合硼酸盐矿物沉积时期火山活动强烈、构造活动频繁的地质背景，综合考虑硼的来源，认为硼酸盐矿物形成于高温环境，流体来源于深部热液，硼酸盐矿物是热液作用下的产物（李玉堂等，1990；蒋宜勤等，2012；Renaut et al.，2013；Yang et al.，2015；单福龙等，2015；王丛山等，2015；张元元等，2018）。

2. 硼硅酸盐与火山物质蚀变的关系

关于硅硼钠石（reedmergnerite）和水硅硼钠石（searlesite）的成因国内外研究均较少。Hay 和 Guldman（1987）对加利福尼亚州 Searles 湖 KM–3 钻井进行取心研究，测定岩心沸石、长石的结构和种类，发现当硅灰层与高盐碱性孔隙流体接触后，首先转变为钙十字沸石和麦钾沸石，然后转变为钾长石和水硅硼钠石（Hay et al.，1987）。García–Veigas 等（2013）在对土耳其 Beypazar 碱矿的研究中，发现硅硼钠石与方沸石共生，一般充填空隙或胶结凝灰物质；水硅硼钠石，在凝灰岩中呈辐射纤维状晶体，交代白云岩和天然碱。以及在对地中海东北部中新世盆地硼酸盐矿物的研究中，发现与硼酸盐互层的凝灰质岩层中富含自生的硅酸盐矿物（沸石、钾长石等），自生的硅酸盐矿物与硼酸盐矿物存在转化关系（Helvaci et al.，1993）。他们认为硅硼钠石是碱湖沉积物中的一种成岩硅酸盐矿物，是火山碎屑与碱性水体反应而成（Savage et al.，2010）。

3. 硅硼钠石合成实验

硅硼钠石普遍认为是钠长石的 B 类似物（Clark et al.，1960；Milton et al.，1960；Wunder et al.，2013）。Eugster 和 McIver（1959）在 300~500℃ 和 2000Bar（气压）条件下合成了硅硼钠石。Kimata（1977）利用 Na_2CO_3，H_3BO_4 和 SiO_2 凝胶进行硅硼钠石合成实验，在 270~450℃ 和 100~430kg/cm³ 条件下成功合成了硅硼钠石，并发现多余 Na_2CO_3 的存在有利于硅硼钠石的结晶，并得出 CO_3^{2-} 或者 CO_2 是硅硼钠石的矿化剂（mineralizer）（Kimata，1977），且硅硼钠石的形成对温度和压力要求较高，近地表不可能形成，温度和压力是控制硅硼钠石形成的关键性因素（Milton et al.，1960；Kimata，1977；Wunder et al.，2013）。

4. 形成温度和深度

发育于生长带中 L-D，组成的 3 个 FIA 均一温度范围 100~116℃，说明硅硼钠石在形成时的温度至少大于 100℃。湖泊原始沉积阶段，无法达到这个温度，故推测硅硼钠石是在后期埋藏过程中形成的。周中毅等（1989）通过镜质体反射率、磷灰石裂变径迹法及流体包裹体的分析等方法对二叠纪—三叠纪进行古地温特征的研究，其古地温梯度为 3~5℃/100m（周中毅等，1989）。推测硅硼酸盐的埋藏深度至少为 3000m。

5. 交代矿物

准噶尔盆地风城组与硅硼钠石共存的矿物主要是钠的碳酸盐矿物（天然碱、苏打石、碳钠钙石、碳钠镁石、氯碳钠镁石），产状上他们具有共同的特征——呈条带状分布。进行岩石学观察，发现硅硼酸盐易与钠碳酸盐矿物（碳钠钙石、碳钠镁石、氯碳钠镁石）发生交代作用，常具交代残余结构。推测硅硼酸盐的母岩矿物可能来源于钠碳酸盐矿物，且硅硼酸盐矿物多富集在深灰色—灰色含云质凝灰岩中，硅硼酸盐中硅可能由暗色凝灰岩提供。风城组硅硼钠石与碳酸盐共生，与美国怀俄明州和犹他州始新统绿河组中硅硼钠石的情况一致。上述碳酸盐矿物成因不同，形成时间不一：天然碱以草状、放射状晶体为主，与现代碱湖中天然碱结构一致，被解释为沉积于原始湖泊；碳钠钙石为成岩作用产物，形成于温度为 52℃，深度约为 1000m 的成岩环境中（Jagniecki et al.，2013）；氯碳钠镁石交代碳钠钙石后，硅硼钠石交代天然碱、碳钠钙石和氯碳钠镁石，说明硅硼钠石交代上述碳酸盐矿物的深度大于 1000m。

6. 热液流体

综合分析认为风城组硼酸盐矿物的形成有来源于深部热液的参与。证据如下：（1）碱湖一直被认为是封闭的水文体系（Hay et al.，1987），前人研究成果已证明该部分位于相对封闭的深湖沉积环境（文华国，2008；郭建钢等，2009；Yu et al.，2018）。（2）从稀土元素地球化学特征来看，风城组沉积期流体来源于俯冲带、地壳及幔源流体的共同参与，外源流体的混入极少（常海亮等，2016）。（3）硅硼钠石主要发育于乌南断裂带附近及斜坡区，风城组沉积时期，乌夏地区构造运动及火山活动强烈，深部热液可借助断裂带进行流体运移，以此来释放来源于深部的大量能量。（4）岩心上硅硼钠石具流动变形构造（条带状、透镜状），可以认为硅硼钠石是多级发育的，符合热液流体具脉动性的特点，且硼在系统中是移动的（Hay et al.，1987；Ortí et al.，2016）。（5）在对不同产状的硅硼钠石矿物进行硼同位素的测定时，他们的测试结果比较相近，说明不同产状的硅硼钠石矿物，他们具有共同的流体来源。$\delta^{11}B$ 的范围为 0.33‰~2.13‰，推测流体可能来源于岩浆及深部热液。（6）根据海底热液及一些大陆热泉的地球化学研究，各地质作用形成的热液流体硼的含量与盐度呈明显的正相关，在高盐度的热液中硼的含量会明显增高（Spivack et al.，1987；Brumsack et al.，1992），在对硅硼钠石中原生流体包裹体冰点温度的测试中，反应硅硼钠石成岩流体的盐度相对较高。

通过上述分析结果，可以得出：（1）硅硼钠石不同于一般的碱湖盐类矿物，其形成需要较高的温度和压力，近地表和浅埋藏环境无法形成，这也是为什么现代及全新世碱湖地层中无硅硼钠石的原因。（2）硅硼钠石的形成与碱湖密切相关，硅硼钠石的形成的地层水中除需要 Na 和 B 元素外，还需要一定量的 SiO_2，而在高 pH 环境中 SiO_2 的溶解度较大。

（3）硅硼钠石的 B 主要来源于原始湖泊中的热液，而后期埋藏过程中沿断裂输入的热液可能贡献较少，因为硅硼钠石主要分布于玛湖凹陷湖盆中心及斜坡沉积物中，湖泊边缘沉积物无硅硼钠石发现，而乌尔禾地区整体位于玛南断裂带上，若后期热液输入大量 B 元素，则整个湖盆沉积物中应均含有硅硼钠石。

针对准噶尔盆地玛湖凹陷风城组发育的碱湖硅硼酸盐矿物建立了火山—碱湖—硅硼酸盐新模式（图 4-4-5）。火山—碱湖—硼酸盐模式分四个阶段进行：第一阶段，碱湖在正常沉积的过程中，来源于深部的流体，随着构造运动的抬升，沿着断裂带进入湖盆，促进碱湖的形成，原始沉积的过程中沉积草状的苏打石，同时也保存了富硼的流体；第二阶段，在埋藏过程中，沉积物尚未被压实，碳钠钙石形成，挤压原始纹层；第三个阶段，沉积固结时，富 NaCl 流体与碳钠钙石发生交代作用，形成氯碳钠镁石；第四个阶段，埋藏深度不断加深，当地层温度大于 100℃ 后，富硼的流体与碳酸盐矿物发生交代作用，形成硅硼钠石，故在岩石学观察中发现硅硼钠石交代任何含钠的碳酸盐矿物的现象。

阶段1：原始湖泊沉积，沉积钠的碳酸盐，热液流体顺着断裂带进入湖盆

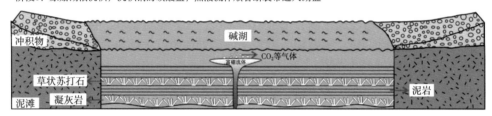

阶段2：沉积未压实，碳钠钙石（挤压纹层）形成

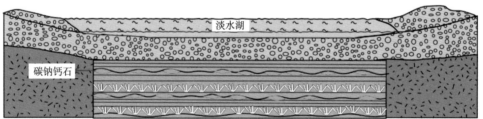

阶段3：沉积固结，含氯化钠地层水与碳钠钙石反应，形成氯碳钠镁石

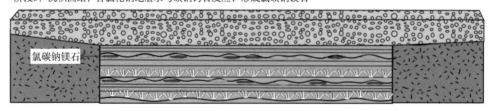

阶段4：埋藏过程中，硅硼钠石形成以交代碳酸盐为主

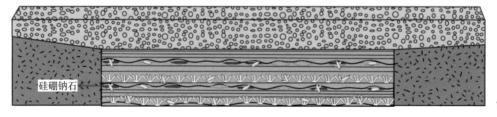

图 4-4-5　玛湖凹陷风城组硅硼酸盐矿物成岩作用模式图

第五节　风城组沉积环境演化

由上述对不同类型岩石组合成因讨论可知，风城组现今的岩性组合受沉积环境和成岩作用共同作用，部分盐类矿物和白云石、方解石是成岩作用的产物。成岩作用主要受原始沉积环境的影响。碱盐主要沉积于湖泊中心，其范围大致可代表沉积中心；云质岩主要形成于湖泊斜坡—边缘地层中，代表地下水与湖水混合部位；燧石岩主要发育于斜坡区；而硅硼钠石岩代表原始断裂活动区；砂砾岩代表近物源区。根据上述原则，恢复了风一段至风三段的沉积环境。

一、风一段

风一段沉积时期，玛湖凹陷存在两个大的物源区，第一个位于扎伊尔山，第二个位于哈拉阿拉特山（图4-5-1）。扎伊尔山物源区处于逆冲前缘带，离湖泊沉降中心较近，以沉积冲积扇和扇三角洲砂砾岩为主。哈拉阿拉特山远离沉降中心，离沉积中心较近，以沉积

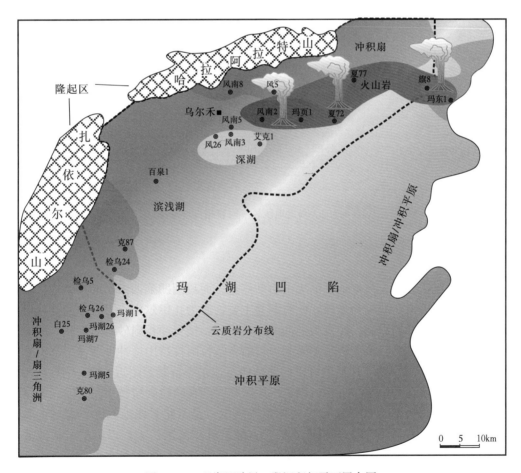

图 4-5-1　玛湖凹陷风一段沉积相平面展布图

冲积扇和河流相砂砾岩为主。风一段沉积时期，玛湖凹陷西北缘的火山活动异常强烈。火山岩主要分布于一条北东东向的火山岩带，发育有大量重熔凝灰岩、安山岩、玄武岩等，并伴随砂砾岩沉积。该时期百泉 1 井尚未受冲积扇沉积影响，以云质粉砂岩为主。在艾克 1 井岩心中发现大量成岩碱盐，原始沉积碱盐少见，在风南 7 井仅识别一层碱盐，说明此时期深湖沉积分布较为局限，整体以滨浅湖沉积为主。除深湖区和火山岩发育区外，其余地区发育滨浅湖泥岩、沉凝灰岩和凝灰岩。

乌夏研究区在风一段时期，岩相组合复杂，包括哈拉阿拉特山山前冲积扇—河流相砂砾岩，乌尔禾地区滨浅湖粉砂岩，风南 1 井至夏 76 井的火山岩区，艾克 1 井附近湖相碱盐，其余地区的沉凝灰岩/泥岩沉积区（图 4-5-2）。火山岩的喷发包括水上部分和水下部分，与湖水周期性波动有关。

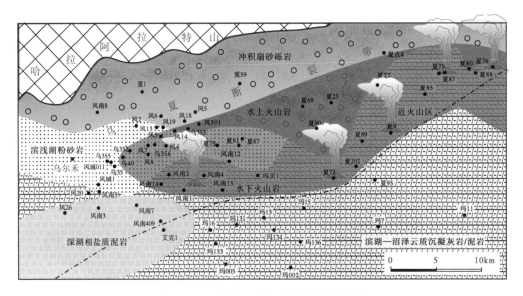

图 4-5-2　乌夏地区风一段岩相古地理图

二、风二段

至风二段沉积时期，乌夏地区的火山活动停止，而玛湖凹陷西南部的克百地区在风二段顶部沉积时期火山活动较为强烈。此时湖盆主要物源为扎伊尔山，百泉 1 井受扎伊尔山持续向北东方向逆冲的影响，转变为逆冲前缘带，开始接受冲积扇砂砾岩沉积。原哈拉阿拉特山受湖泊扩张影响，转变为水下隆起。目前在哈拉阿拉特山逆冲推覆体下部仍然发育大套的风城组烃源岩，并且其至少可以向北延伸至达尔布特断裂附近（王圣柱等，2014），说明该地区在风城组开始接受沉积，因风一段沉积时期在哈拉阿拉特山附近发现大量冲积扇砂砾岩，风二段沉积时期该区砂砾岩体急剧减少，说明此时该地区已不再是主要物源区，而转为沉积区。随着湖泊沉积迅速扩张，碱盐沉积范围扩大，以沉积层状碱盐为主（图 4-5-3）。深湖范围区，存在一个斜坡区，不见碱盐沉积，而发育大量云质岩，该区也是硅硼钠石富集区。在斜坡区外围存在一个坡度较小的广阔边缘区，频繁受湖侵及湖退影响，以沉积云化—硅化的泥岩为主。

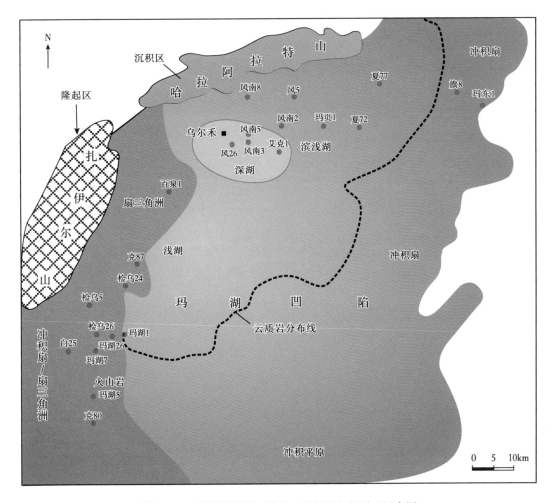

图 4-5-3　玛湖凹陷风二段中—下部沉积相平面展布图

在风二段上部沉积时期，克百地区发育一套较为稳定的溢流相火山岩（图 4-5-4）。研究区在石炭纪—早二叠世长期暴露于地表，由于风化剥蚀作用，位于克百断裂带的风二段火山岩近火山口岩相全部被剥蚀，现存的远火山口相分布于中拐凸起和玛湖凹陷斜坡区，整体较薄，厚度为 10.7~45.2m，分布面积约为 237km²，岩性以中基性玄武岩、安山岩和角砾—凝灰岩为主（苏东旭等，2020）。该套火山岩自下而上可划分为三期，第一期和第三期为中基性火山溢流相，岩性主要为玄武岩和安山岩，第二期为溢流相和火山爆发相，岩性以安山岩、玄武岩和凝灰岩为主。研究区在风二段火山作用时期处于陆上条件，沿断裂溢流的中基性熔岩中存在大量挥发分，熔岩缓慢冷却成岩过程中，挥发分逐渐向上溢出，在熔岩完全固结后还未溢出的挥发分便在上部形成了层状分布的气孔。风二段顶部沉积时期，湖盆中心区的碱盐沉积逐渐减弱，至最顶部消失。

随着乌夏地区火山岩喷发的停止和哈拉阿拉特山物源区转变为沉积区，研究区岩相组合相较风一段相对简单，以湖泊中心—斜坡区和边缘区组合样式为特点。碱湖中心以艾克 1 井—风南 5 井为代表，沉积大量碱盐和富碱盐泥岩；斜坡区以风南 1 井—乌 35 井为代表沉积云质泥岩和白云岩；滨湖—沼泽区以夏 72 井—夏 76 井为代表，沉积泥岩和钙质泥岩（图 4-5-5）。

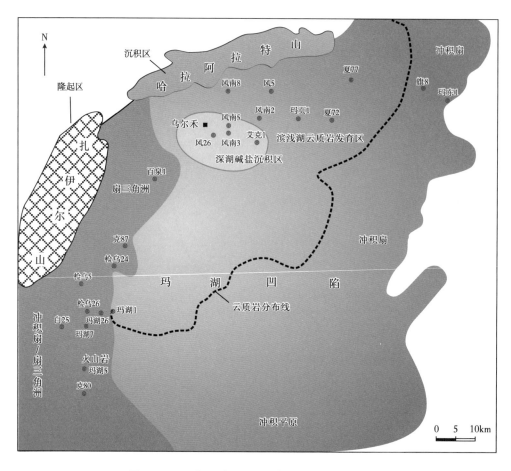

图 4-5-4 玛湖凹陷风二段顶部沉积相平面展布图

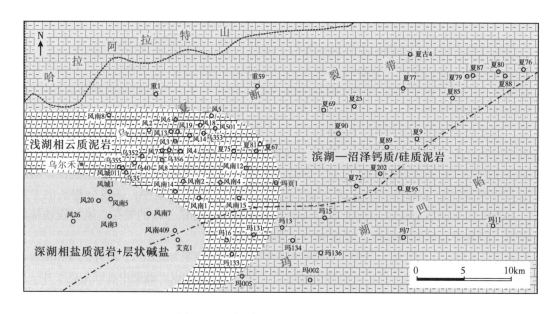

图 4-5-5 乌夏地区风二段岩相古地理图

三、风三段

至风三段沉积时期，玛湖凹陷南斜坡火山活动停止，盆地内和边缘无明显火山活动。扎伊尔山继续向东逆冲，冲积扇扇体向东进积，此时哈拉阿拉特山地区仍为沉积区。玛湖凹陷内地势差距变小，此时沉积中心发育一个大而浅的湖泊，盐度较风二段沉积时期变小，厚层碱盐沉积结束，湖泊以发育云质岩和泥岩为主。浅湖外围，仍存在广阔而地势平坦的滨湖—沼泽，以发育砂泥岩为主（图4-5-6）。

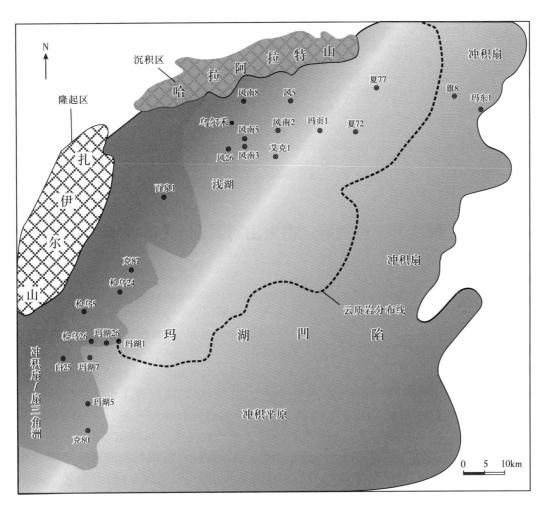

图 4-5-6　乌夏地区风二段岩相古地理图

乌夏研究区的风三段继承风二段古地理格局，以湖泊和滨湖—沼泽相为主，但湖泊变浅变宽。湖泊中心仍位于艾克1井—风南5井附近，并进一步扩大至风南1井和乌35井附近，以沉积云质泥岩、粉砂岩和白云岩为主。滨湖—沼泽区仍以夏72井—夏76井为代表，沉积泥岩和钙质泥岩（图4-5-7）。

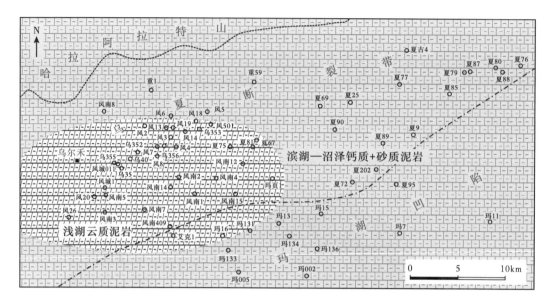

图 4-5-7　乌夏地区风三段岩相古地理图

第六节　古气候、古火山对碱湖沉积的影响

一、古气候

风城组最新熔结凝灰岩锆石定年数据显示，风城组沉积年龄跨石炭纪—二叠纪，约308—292Ma（Cao et al., 2020; Xia et al., 2020; Wang et al., 2021）。该时期准噶尔盆地位于哈萨克斯坦地块东部，潘吉亚超大陆的东北部。石炭纪—二叠纪是全球著名的晚古生代大冰期，以低二氧化碳浓度、高氧气浓度和冈瓦纳大陆广泛发育冰盖为特征。该时期潘吉亚超大陆整体以寒冷潮湿的冰期气候为主，同时间隔发育多个短暂间冰期。晚石炭世时期（308—299Ma）是其中的间冰期之一，发育温暖干旱气候。风一段和风二段蒸发岩的发育很可能与晚石炭世间冰期的温暖干旱气候有关。风城组厚层碱盐（天然碱 $Na_2CO_3 \cdot NaHCO_3 \cdot 2H_2O$、碳氢钠石 $Na_2CO_3 \cdot 3NaHCO_3$）保留有沉积时期的草状结构，可判断为原生矿物，受后期成岩作用改造较少，其同位素信息可以反映原始沉积环境。碱盐的碳、氧同素位均偏正，$\delta^{13}C$ 和 $\delta^{18}O$ 均介于2‰~4‰之间，说明碱盐形成于湖水强烈蒸发时期。

通过对玛页1井风城组连续取心沉积环境的恢复及碳、氧同位素测试结果分析发现，湖泊大尺度沉积环境演化与晚石炭世气候波动具有很好的相关性（图4-6-1）。进一步证实晚石炭世的温室气候对风城组沉积的主导控制作用。进入早二叠世早期，潘吉亚超大陆迎来晚古生代时期最严重的冰期气候，以寒冷潮湿气候为主，此时风城组（风一段）碱盐沉积消失。说明晚石炭世—早二叠世气候波动对湖水浓缩程度和蒸发岩发育起到直接控制作用。

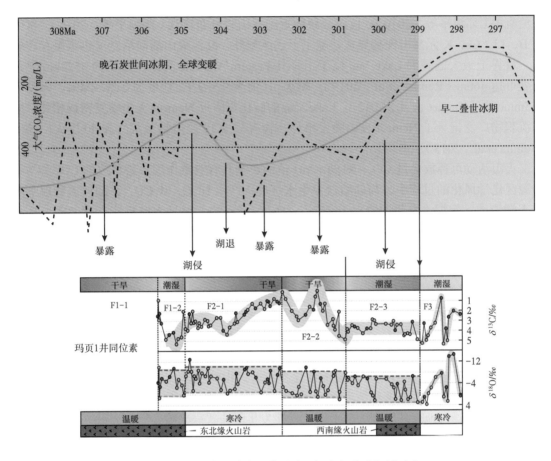

图 4-6-1 玛湖凹陷东北缘风城组沉积与全球气候对比

二、古火山

玛湖凹陷风城组湖泊演化与火山活动密切相关。火山活动主要影响湖水的 pH 值及离子组成。

1. 对湖水 pH 值的影响

现今世界上大多数碱湖分布于亚热带副高压干旱或半干旱带且受火山活动影响的区域，主要分布于以下三个火山活跃带（Pecoraino et al.，2015）。（1）东非裂谷系：主要分布于东非裂谷系东部分支富年轻火山岩区（喷发时间为渐新世至今，以第四纪以来为主），附近的湖泊大多为浅水碱湖，直接受热液供给，沉积物中含有丰富的火山物质，如 Lake Bogaria，其湖缘断裂处周围发育约 200 处热泉（Renaut et al.，1987），温度在 36~100℃ 之间，盐度为 1~15g/L，pH 值为 7~9.9，水体为 $NaHCO_3$ 型（Renaut et al.，1988）。而东非裂谷西部分支在新近纪期间火山活动不甚发育，湖泊以淡水深湖为主，湖底沉积物中没有火山物质（Schagerl et al.，2016）。（2）北美西南部和南美安第斯造山带：主要位于太平洋活跃火山岩区，发育有 Mono Lake、Albert Lake、Lake Atlacoy 等。（3）亚洲中部：向西延伸到里海，向东延伸到中国西藏和青海地区，如中国西藏羌南地区碳酸盐型盐湖带。青藏高原湖泊根据水体化学性质可分为 5 个带，最南部是碱湖带，其形成与地热水的直接补给有关（郑绵平等，2010），且该区域新近纪火山岩分布广泛（郑绵平等，2016），水体中 B，Li，Cs，K 元素出现高异常。除了上述区域外，其他火山活动活跃区也零星存在碱湖。世界上最大的碱湖 Lake Van 位于土耳其 Eastern Anatolia 高原，面积为 $3522km^2$，最深处可达 460m（Reimer et al.，2019），湖水 pH 值为 9.5~9.9，盐度为 21‰~24‰，碱度为 155mmol/L（Huguet et al.，2012）。Lake Van 的碱化与附近 Nemrut 火山喷发密切相关，湖底沉积物广泛记录了 Nemrut 火山喷发事件，含有至少 12 层熔结凝灰岩和 40 层火山碎屑（Sumita et al.，2013）。

火山活动可释放大量 CO_2，对湖水 pH 值的影响具有双重作用。若释放的 CO_2 参与到物源区化学风化的过程中，与硅酸盐发生水解反应产生 HCO_3^- 和 CO_3^{2-}，随河流和地下水进入湖泊中，使湖水富集 HCO_3^- 和 CO_3^{2-}。HCO_3^- 和 CO_3^{2-} 通过水解反应产生 OH^-，从而提高湖水 pH 值（Earman et al.，2005）。若火山为水下火山，喷发的 CO_2 直接入湖，不参与物源区风化作用，则可形成大量碳酸（H_2CO_3），从而降低湖泊的 pH 值。火山活动伴随的热液活动中亦可携带大量 CO_2 入湖，由于热液在上升过程中，其中的 CO_2 与围岩已充分发生反应，因此往往以 HCO_3^- 和 CO_3^{2-} 形式进入湖泊，通过亦可提高湖水的 pH 值。在火山活动的间歇期，相应区域亦可持续发生热液活动。

因此，火山活动对湖水 pH 值的影响，取决于火山喷发位置和热液发育程度。风一段沉积时期，在乌夏地区形成大量流纹质熔结凝灰岩，可分为水上喷发岩和水下喷发岩（何衍鑫等，2018）。火山口古地理环境的演化控制着火山喷发样式的类型及其转换，进而影响喷发产物的特征：古地理环境为水下环境时，足量的水和上升的高温岩浆相互作用发生射气岩浆喷发；古地理环境变为陆上时，岩浆发生溢流式岩浆喷发。研究区近火山口相主要发育在旗 8 井、夏 87 井和夏 72 井 3 个井区，呈面状分布，以发育隐爆角砾熔岩、凝灰质火山角砾岩等粗粒火山碎屑岩为特征。远火山口相则以近火山口相为中心呈面状分布，以发育凝灰岩等细粒火山碎屑岩为特征。根据古地理环境和火山岩的平面分布，可以推测夏 201 井区火山岩堆积于滨浅湖和扇三角洲前缘环境，夏 87 井区火山岩都堆积于滨浅湖环境，旗 8 井区（含玛东 1 井）火山岩较为复杂，可堆积于滨浅湖、扇三角洲前缘和扇三角洲平原环境（何衍鑫等，2018）。风一段沉积时期，仅在艾克 1 井中识别和发现大量碱盐（氯碳钠镁石、碳钠镁石），风南 5 井未识别出碱盐，风南 7 井仅识别出一层，碱盐分布局限，可能与风一段时期大量水下火山喷发有关。

风二段沉积时期，乌夏地区的火山活动已停止，玛南地区玄武岩喷发尚未开始，此时却是湖泊中碱盐沉积最为发育阶段，在风南 1 井、风南 3 井、风南 7 井、艾克 1 井及附近的井中均识别出大量层状碱盐。湖泊中大量碱盐的沉积，可能与凹陷内热液作用有关，热液作用源源不断输入富 HCO_3^- 和 CO_3^{2-}。或者亦有可能与玛湖凹陷周缘外造山带内的火山活动有关，火山活动喷发的 CO_2 进入大气中，提高区域 CO_2 浓度，加快物源区硅酸盐的风化作用，提高入湖流水中的 HCO_3^- 和 CO_3^{2-} 含量。至风二段沉积的顶部，玛南斜坡区玄武岩喷发开始，以水上喷发为主（苏东旭等，2020），有助于增加入湖流水的 HCO_3^- 和 CO_3^{2-} 含量。但此时碱湖中心的碱盐沉积开始逐渐减少，可能与气候逐渐变潮湿有关。

风三段沉积时期，玛南地区的火山活动停止，玛湖凹陷及边缘地区无明显的火山活动，层状碱盐亦停止沉积。该时期湖泊呈现淡化趋势，可能与早二叠世冰室气候有关。在湖泊中心的风 26 井风三段沉积中发现结核状碳钠镁石，说明该时期的 pH 值仍较高，指示碱盐沉积停止，与湖水盐度降低有关，而并非湖水的 pH 值降低。

2. 对湖水离子组成的影响

尽管风城组在风一段和风二段均沉积有碱盐，但两个时期的碱盐组成不一致。风一段沉积时期，碱盐以层状和团块状 Mg-Na- 碳酸盐（碳钠镁石）和 Mg-Na-Cl- 碳酸盐（氯碳钠镁石）为主（图 4-6-2），层状 Na- 碳酸盐少见，亦有可能与揭示风一段岩性组合的岩心较少有关。风二段沉积时期，碱盐以层状 Na- 碳酸盐、团块状和自形状 Ca-Na- 碳酸盐为主（图 4-6-3）。层状碱盐以草状天然碱为主，是原始沉积的产物。说明风一段沉积时期，湖泊富 Mg^{2+}，而风二段沉积时期，湖泊富 Ca^{2+}、Mg^{2+} 含量相对减少。风三段沉积时期，火山活动进一步减弱，碱盐沉积停止（图 4-6-4）。

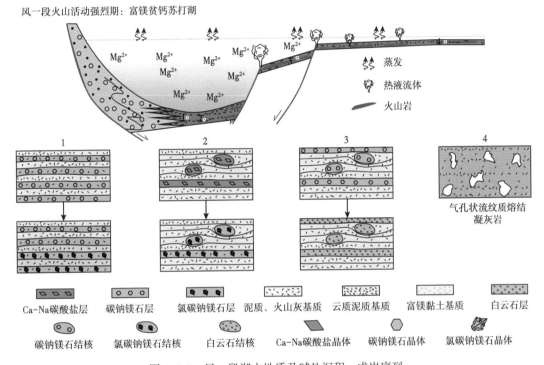

图 4-6-2　风一段湖水性质及碱盐沉积—成岩序列

风一段沉积时期，乌夏地区的火山活动异常活跃，且主要是水下喷发，岩浆热液直接入湖，湖泊中富 Mg^{2+} 可能与火山活动输入大量 Mg^{2+} 有关。南大西洋白垩纪 Aptian 盐下碳酸盐岩沉积时期，火山活动强烈，发育有大量硅镁石［$(Ca_{0.5}, Na)_{0.33}(Mg, Fe^{2+})_3Si_4O_{10}(OH)_2 \cdot nH_2O$；Tosca et al., 2015；Wright et al., 2015；Mercedes-Martín et al., 2017；Lima et al., 2019］。硅镁石是一类典型的"含镁缺铝"的黏土矿物，其发育需要溶液中富镁贫铝。南大西洋白垩系阿普特阶发育富集该类黏土矿物，与火山活动输入大量 Mg^{2+} 有关。风二段沉积时期，乌夏地区的火山活动减弱，此时玛湖凹陷西南克百地区的火山活动尚未开始，火山活动直接输入的热液大大减少，造成 Mg^{2+} 输入减少，碱湖以沉积层状 Ca-Na- 碳酸盐和 Na- 碳酸盐岩为主，层状 Mg-Na- 碳酸盐岩较少。

风二段火山活动减弱期：中镁富钙苏打湖

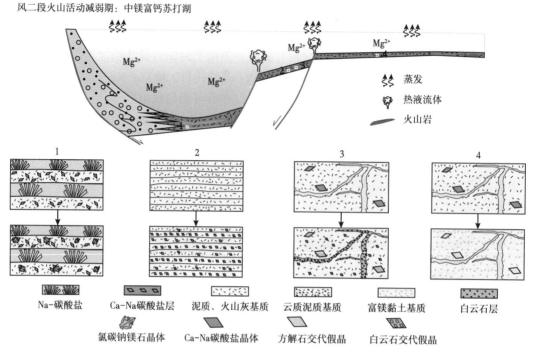

图 4-6-3　风二段湖水性质及碱盐沉积—成岩序列

风三段火山活动消逝期：贫镁贫钙干碱湖

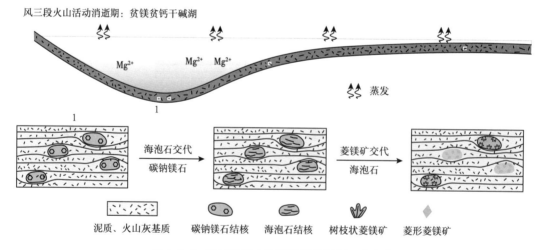

图 4-6-4　风三段湖水性质及碱盐沉积—成岩序

第五章　储集空间类型及孔隙成因机理

油气储层的各项地质特性包括孔隙特征和物性特征，前者是储层中孔隙的成因类型，后者是指储层的孔隙度、渗透率、饱和度，这些基本特征及其分布规律不仅是储层研究的基本对象和进行储层评价与预测的核心内容，同时也是进行定量储层研究的最基本参数。风城组储层岩石类性多样，从总体上看，岩石类型包括陆源碎屑岩（砂岩、粉砂岩）、泥岩、燧石岩、碳酸盐岩（白云岩、灰岩）、火山碎屑岩、火山岩等。不同岩性储集空间类型具有较大差异，同时孔隙的成因类型和变化与沉积环境和成岩作用密切相关，在垂向上和平面上的分布具有一定的分带性规律，在已有的玛湖凹陷风城组常规岩心描述和储层分析资料中，考虑更多的是储层的孔隙成因类型、物性特征和孔、渗相关性、配置关系及其控制因素。

第一节　储集空间类型及特征

充分利用扫描电镜及铸体薄片等手段，结合沉积及成岩特征，对风城组不同岩性样品的储集空间类型进行统计分析（图 5-1-1），风城组不同岩性样品的孔隙类型按成因可划分为：原生粒间孔、粒间溶孔、粒内溶孔、晶间孔和裂缝等几类。统计结果表明：研究区孔隙发育差异较大（面孔率为 1%~6%），程度相对较弱（其平均面孔率仅为 0.94%），以原生孔、次生孔和裂隙孔为主。其中原生孔基本是残余的粒间孔，面孔率的均值较低，约为 2%；次生孔则表现为一系列溶蚀孔隙，包括粒内溶孔（面孔率为 21%）、粒间溶孔（面孔率为 35%）和铸模孔（面孔率为 3%）；裂隙孔对研究区储层连通性有一定的改善，其面孔率的平均值为 39%。从面孔率分布情况看（图 5-1-2），次生孔隙对储集空间贡献最大，占总面孔率的 59%，裂隙孔次之，占 39%，原生孔最少，仅占总面孔率的 2% 左右。

风城组不同岩性段面孔率也存在一定差异，风一段面孔率平均值为 0.74%，风二段面孔率平均值为 0.84%，风三段面孔率平均值为 1.11%，从统计数据可以看出，风城组随着深度增加，面孔率逐渐降低。

一、原生孔隙

风城组岩石薄片中均可见到原生粒间孔，即由压实后未被其他物质充填的原生颗粒之间的孔隙。机械压实作用是使原生粒间孔减少的主要原因之一，理论上，碎屑岩刚沉积时的原始孔隙度可达 35%~40%，随着沉积物埋深加大，上覆地层压力逐渐增加，孔隙水排出，沉积物粒间孔体积减少，孔隙缩小减少。在铸体薄片下看到的碎屑颗粒大多数呈点—线接触接触，反映岩石受到中等至较强的压实作用。虽然岩石遭受到较强压实改造，使原生粒间孔减少，但并没有达到极限程度，因此，仍保存有一定数量的剩余原生粒间孔

（图 5-1-3、图 5-1-4）。除压实剩余原生粒间孔外，也可见到充填剩余原生粒间孔，它们往往是早—中成岩阶段由伊利石、石英、黄铁矿和方解石等次生矿物充填后形成的剩余原生粒间孔隙，剩余原生粒间孔特征明显，呈三角形、多边形。

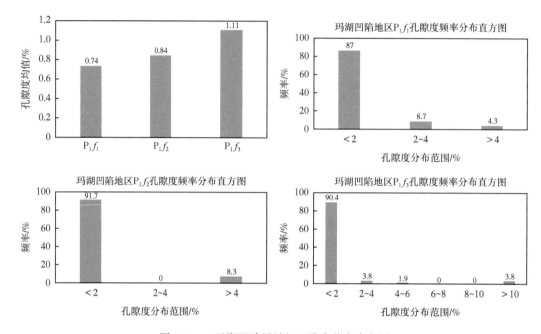

图 5-1-1　玛湖凹陷风城组面孔率分布直方图

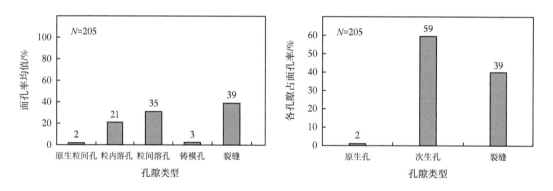

图 5-1-2　储集空间类型和面孔率分布直方图

二、次生溶孔

1. 粒间溶孔

粒间溶孔是在原生粒间孔或充填剩余原生粒间孔的基础上，由于溶蚀作用使粒间孔周围的长石、岩屑等铝硅酸盐颗粒边缘，以及泥质杂基和粒间充填的胶结物等受到不同的溶蚀而形成的孔隙，其结果是使原有的孔隙扩大、连通。据铸体薄片观察表明，大多数井中的粒间溶孔是在发生压实成岩作用后，粒间孔变小，通过由孔内充填的硅质胶结或伊利石杂基溶蚀而成。部分粒间孔是由于长石强烈溶蚀后剩余少量长石残骸而使粒间溶孔扩大，形成溶扩粒间孔。

图 5-1-3 原生粒间孔充注有机质玛页 1 井，　　　　图 5-1-4 方解石充填后剩余原生粒间孔玛页 1 井，
4872.64m，中细粒岩屑砂岩　　　　　　　　　4872.64m，中细粒岩屑砂岩

2. 粒内溶孔

指颗粒内的溶蚀孔隙。包括粒内溶孔、杂基内溶孔、生物屑内溶孔、晶内溶孔、胶结物内溶孔、交代物溶孔等，为典型的次生孔隙。他们主要由溶蚀作用等产生。在玛页 1 井所有的薄片中，见得最多的是碳酸盐矿物溶蚀孔隙（图 5-1-5a）。

3. 组分内微孔

由泥基、假杂基、长石、弱溶蚀的碎屑或胶结物边缘，以及各种自生矿物集合体中细小矿物之间的小于 0.01mm 的微孔隙（图 5-1-5c、d），都被称之为组分内微孔隙，包括胶结物溶边缘微孔，晶间微孔、杂基内微孔和晶内微溶孔等。

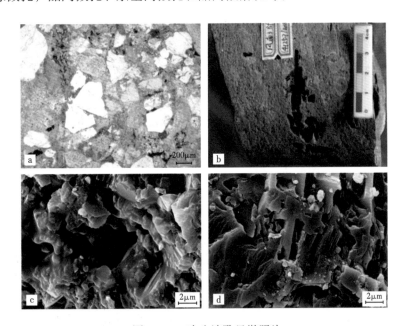

图 5-1-5 次生溶孔显微照片

a——砂质砾岩，次生溶孔较为发育，夏 76 井，4312.9m，风城组；b——灰色溶孔状硅硼钠石岩，发育溶孔、
溶洞（超大溶孔），风南 3 井，4125.70m；c——黏土矿物溶蚀形成粒内溶孔，玛页 1 井，4690.82m；
d——方解石被溶蚀后形成沿解理发育的粒内溶孔，玛页 1 井，4685.52m

三、裂缝

玛湖凹陷构造格局的形成可分为4个阶段：前陆盆地短期伸展火山活动阶段、前陆盆地前展逆冲—断展褶皱阶段、陆内坳陷后展逆冲—断展褶皱阶段、陆内坳陷压张转换阶段和整体抬升剥蚀阶段（图5-1-6）。

玛湖凹陷泥质岩类含油性和裂缝关系密切，裂缝分为构造裂缝和成岩裂缝，风城组主体为构造裂缝（图5-1-7），低角度裂缝数量远大于高角度裂缝；泥质岩类裂缝发育，1m范围内可见35条低角度裂缝，凝灰质砂砾岩和熔结凝灰岩裂缝不发育（表5-1-1）。

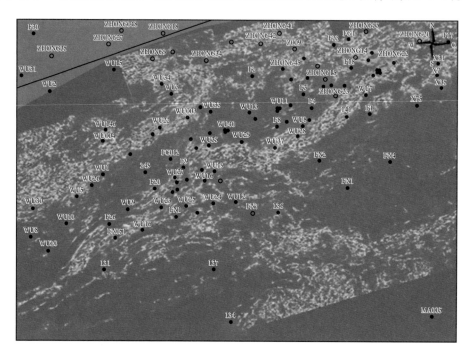

图5-1-6　风一段、风三段裂缝分布图

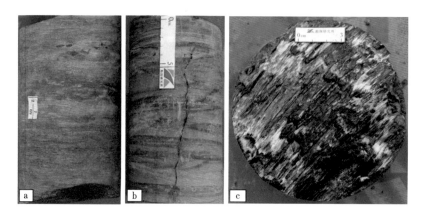

图5-1-7　玛湖凹陷构造微裂缝发育特征

a——黄色细砂岩，低角度裂缝发育，玛页1井，4589.03m；b——深灰色白云质泥岩，发育高角度裂缝，裂缝中无充填，玛页1井，4614.51m；c——裂缝中擦痕，由于高温形成蛇纹石，玛页1井，4697.53m

表 5-1-1 玛页 1 井裂缝分布统计数据

井号	层序号	顶界深度 /m	底界深度 / m	厚度 / m	岩性	低角度裂缝 / 条	高角度裂缝 / 条
玛页 1 井	S1	4877	4881	4	凝灰质砂岩	0	3
玛页 1 井	S1	4888	4892	4	凝灰质砂岩	47	0
玛页 1 井	S1	4913	4916	3	凝灰质砂岩	0	0
玛页 1 井	S1	4921	4924	3	凝灰质砂岩	0	0
玛页 1 井	S2	4599	4600.5	1.5	粉砂质泥岩	33	2
玛页 1 井	S2	4613.5	4615	1.5	粉砂质泥岩	40	3
玛页 1 井	S2	4636	4638	2	粉砂质泥岩	65	10
玛页 1 井	S2	4648	4649	1	白云质泥岩	42	1
玛页 1 井	S2	4668	4669	1	粉砂质泥岩	27	2
玛页 1 井	S2	4680	4681	1	白云质泥岩	13	2
玛页 1 井	S2	4693	4694	1	含盐白云质泥岩	35	1
玛页 1 井	S2	4710	4711	1	含盐白云质泥岩	20	0
玛页 1 井	S2	4723	4724	1	含盐白云质泥岩	29	0
玛页 1 井	S2	4733	4735	2	白云质泥岩	57	1
玛页 1 井	S2	4746	4747	1	含盐硅质泥岩	26	0
玛页 1 井	S2	4755	4756	1	含盐硅质泥岩	19	0
玛页 1 井	S2	4770	4771	1	含盐硅质泥岩	15	2
玛页 1 井	S2	4790	4792	2	含盐白云质泥岩	75	0
玛页 1 井	S2	4817	4818	1	白云质泥岩	24	0
玛页 1 井	S2	4824	4826	2	白云质泥岩	61	5
玛页 1 井	S2	4840	4841	1	含盐白云质泥岩	27	1
玛页 1 井	S2	4850	4852	2	含盐白云质泥岩	86	0

四、晶间孔

玛湖凹陷风城组除次生溶孔和裂缝以外，晶间孔也是一种较为重要的储集空间类型，但晶间孔孔径一般较小，大部分不超过几微米，多发育在自生矿物中（图 5-1-8）。

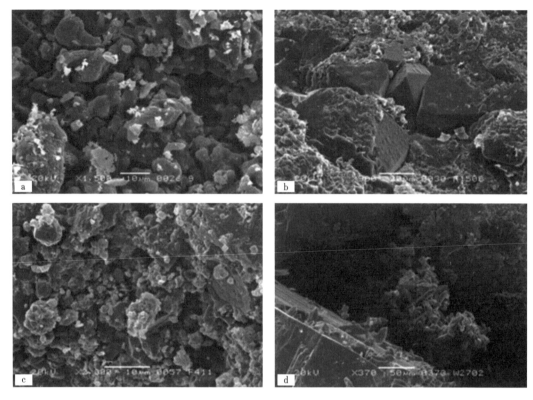

图 5-1-8　盐类矿物的重结晶作用显微照片

a——含云凝灰岩，硫酸镁晶体晶间孔隙及微裂缝发育，风 4 井，3082.05m，风城组；b——粒状白云石晶体呈微晶结构
镶嵌状接触，发育晶间孔，风 15 井，3149.6m，风城组；c——深灰色含凝灰质白云岩，岩石结构疏松，呈泥晶—微晶结构，
微晶白云石晶体间充填粒状硅质微粒，晶间微孔隙发育，风 15 井，3251.64m，风城组；d——褐灰色粉砂质白云岩，细柱状硅
硼钠石晶体集合体充填于晶间孔隙中，可见粒间孔隙发育，乌 27 井，1413.5m，风城组

第二节　储层物性特征

一、孔渗特征

对岩石实测孔隙度进行统计分析的结果表明：玛湖凹陷地区风城组储层近 90% 样品实测孔隙度小于 2%，70% 以上的样品实测渗透率小于 0.1mD，说明研究区风城组储层大多为典型的致密储层。并且可以看出，玛湖凹陷风一段面孔率均值为 0.74%，风二段面孔率均值为 0.84%，风三段面孔率均值为 1.11%，随着深度增加，面孔率逐渐降低，说明了优质储层也大多分布在风二段、风三段，这两个层位的储层物性也更好。分别比较玛湖凹陷地区风城组各段孔隙度频率分布范围（图 5-2-1），可以发现风城组各段孔隙度分布范围大多集中在小于 4%，而风三段有个别样品孔隙度大于 10%，可能与该时期发生强烈地质构造活动有关。孔隙度分布特征说明研究区风城组储层以低孔、特低孔储集空间为主，个别储集空间可达高孔级别，但数量较少，对储集物性影响有限。

从渗透率分布直方图来看（图 5-2-1），渗透率位于 0.01~0.1mD 之间的最多，占总样品数的 72%；位于 0.1~1mD 区间的样品，占总数的 12%；位于 1~10mD 区间的样品，占总数的 11%；位于大于 10mD 区间的样品，占总数的 2%。这些渗透率相对较高的样品主要是受一些微细裂缝影响，这样岩石的连通性更好。

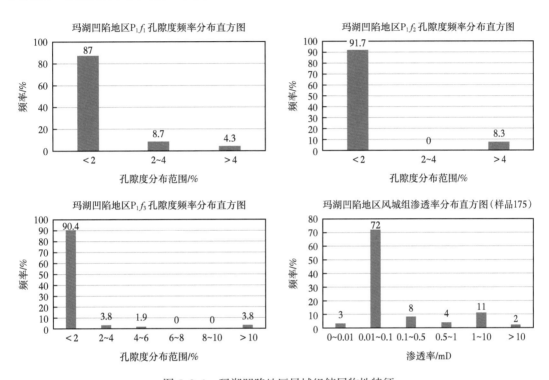

图 5-2-1 玛湖凹陷地区风城组储层物性特征

根据岩心观察结果、铸体薄片及扫描电镜等分析化验成果，结合孔渗相关性特征，对风城组储层类型分区带、分层位进行了研究，结果表明：风一段和风二段孔—渗相关性较差（图 5-2-2c、e），反映以裂缝型储层为主，风三段部分样品孔—渗具有一定相关性（图 5-2-2a），为孔隙—裂缝型储层；斜坡区风一段和风三段孔—渗相关性较差（图 5-2-2d、f），反映以裂缝型储层为主，风二段部分样品孔—渗具有一定相关性，为裂缝—孔隙型储层特征（图 5-2-2c）。

比较玛湖凹陷风城组不同岩性孔隙特征，玛湖凹陷风一段储层以凝灰岩、砂砾岩孔隙最佳，泥岩孔隙度相对较低；风二段储层以泥质白云岩和白云质泥岩孔隙最佳；风三段储层以泥质白云岩、砂砾岩孔隙最佳，泥岩孔隙度相对较低。说明优质储层岩性大多为凝灰岩、砂砾岩和白云岩类（表 5-2-1）。

通过统计不同区域的储层面孔率均值（图 5-2-3），可以看出断裂带孔隙度明显较斜坡区高。夏子街地区风城组储层发育的熔结角砾凝灰岩呈火山爆发相发育，风一段熔结角砾凝灰岩岩心断面发育蜂巢状气孔，提高了该地区孔隙度均值。因此夏子街地区面孔率均值较乌尔禾地区高。

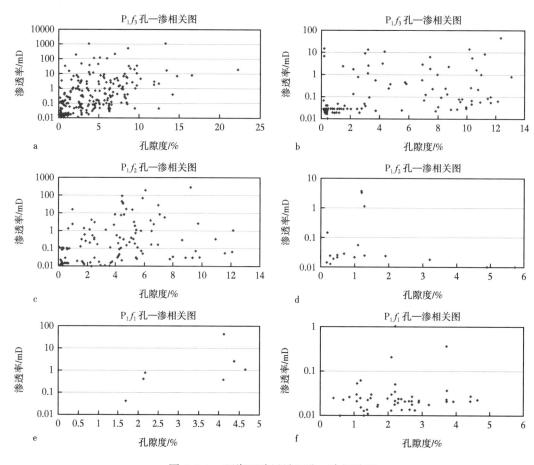

图 5-2-2　玛湖凹陷风城组孔—渗相关图

表 5-2-1　风城组储层岩性—物性对应特征关系

岩性		白云质泥岩	粉砂质泥岩	含白云砂质泥岩	含盐白云质泥岩	含盐硅质白云质泥岩	含盐硅质泥岩	灰质泥岩	白云质泥岩	凝灰质砂岩	熔结凝灰岩	玄武岩
物性	孔隙度	中—低孔	低—高孔	低孔	低孔	中—低孔	低孔	低孔	低孔	低—中孔	中孔	高孔
	渗透率	低渗	低渗	低渗	低渗	低渗	低渗	低渗	低渗	低渗	低渗	低渗
裂缝		低角度缝发育，高角度缝不发育	低角度和高角度裂缝都发育	低角度较为发育，高角度裂缝相对不太发育	低角度裂缝发育，高角度缝不太发育	低角度和高角度裂缝发育	低角度发育，高角度裂缝不太发育	低角度缝和高度缝都有发育，频数都不高	低角度和高角度裂缝都很发育	低角度不发育，高角度裂缝略有发育	裂缝不发育	裂缝不发育

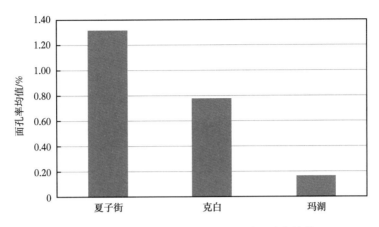

图 5-2-3　玛湖凹陷风城组不同区域面孔率均值

二、孔隙结构特征

通过对研究区风城组玛页 1 井 21 件样品高压压汞数据进行统计分析（表 5-2-2），结果表明排驱压力值越高一般会对应着样品孔渗会相应偏低，玛页 1 井的排驱压力约为 6.73MPa（范围为 1.41~11.63MPa），这表示整体上该井的孔喉相对较小。中值毛细管压力值越高意味着对应着样品孔渗越低，从样品中测得的其值在 0.16~81.92MPa 之间，约为 16.37MPa。同样说明整体上该井的孔喉相对较小。平均毛细管半径值越大达标样品孔渗越高，样品的孔喉半径约在 0.06μm（分布在 0.01~0.21μm 之间），虽然总体上其半径较小。

最大进汞饱和度值越高表示孔隙之间的贯通程度越高，在 81.92MPa 下测得本区的最大进汞饱和度值大约为 41.765%（范围为 21.619%~71.676%），这表示风城组岩石中孔隙之间的贯通程度相对一般。压汞曲线参数可以形象表示孔隙结构分布特征。对比研究区 21 件样品压汞曲线形态，总体上呈相似的形态（图 5-2-4），从图中看出，泥岩类储层以小孔微喉为特征，孔喉半径一般小于 0.15μm，为相对较差的储集岩性，砂岩类储层以小孔细喉为主，其有效孔喉半径多介于 0.07~0.3μm 之间，排驱压力一般较低，为玛湖凹陷地区风城组相对较好的储集岩性。

表 5-2-2　风城组储层孔隙结构特征参数统计表

孔隙结构特征参数	风城组	
	变化范围	平均值
排驱压力 /MPa	1.41~11.63	6.73
中值毛细管压力 /MPa	0.16~81.92	16.37
最大进汞饱和度 /%	21.619~71.676	41.765
平均毛细管半径 /μm	0.01~0.21	0.06
分选系数	2.07~2.81	2.4
均值（ϕ）	12.36~14.27	13.64
偏态	1.02~1.11	1.05
变异系数	0.15~0.22	0.18

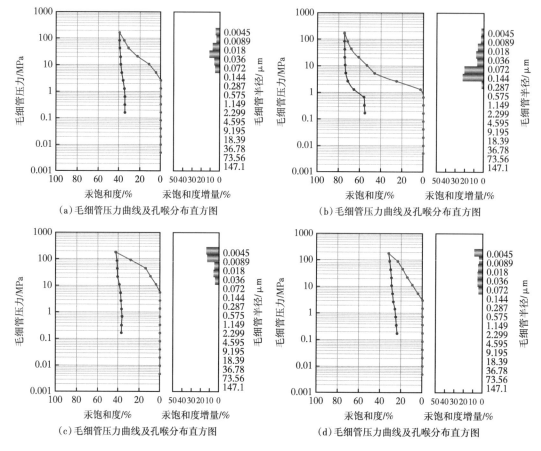

图 5-2-4　玛页 1 井风城组主要储集岩类典型压汞曲线特征

a——玛页 1 井，4595.61m，泥岩；b——玛页 1 井，4633.85m，含云质粉砂岩；c——玛页 1 井，4665.91m，
含云质泥岩；d——玛页 1 井，4706.88m，泥岩

第三节　储层主控因素

一、岩性对储层发育的控制因素

岩性是控制研究区二叠系风城组储层质量的主要因素之一。岩性、岩相既对原生孔、缝发育程度起控制作用，又对后期孔、缝的改造起着制约作用。

1. 断裂带风城组岩性物性特征

断裂带风一段白云岩类储层具有明显的双重介质特征，其储集性与埋藏深度关系不大，孔隙与裂缝的发育程度与配置关系对储层物性和产量的影响较大。

据玛湖凹陷断裂带风城组各类岩性的物性分析资料（表 5-3-1），对研究区近 500 个样品进行分析，得出孔隙度分布范围：泥质白云岩（占总样的 30%）为 0.4%~8.26%，平均值为 4.53%；泥质粉砂岩（占总样的 15%）为 0.7%~8.19%，平均值为 3.32%；熔结凝灰岩类（占总样的 15%）为 0.1%~9.5%，平均值为 1.86%；白云质粉砂岩（占总样的 10%）为

0.5%~12.52%，平均值为 1.86%；白云质泥岩（占总样的 10%）为 0.2%~8.6%，平均值为 3%；凝灰质砂岩（占总样的 10%）为 2.6%~12.4%，平均值为 7.07%；其他岩类（占总样的 10%）为 0.1%~2.6%，平均值为 0.9%。

表 5-3-1　玛湖凹陷断裂带地区岩性与物性关系

岩性	孔隙度 /%			渗透率 /mD		
	最小值	最大值	平均值	最小值	最大值	平均值
泥质白云岩	0.4	8.26	4.53	0.012	30.89	2.35
泥质粉砂岩	0.7	8.19	3.32	0.01	7.19	2.14
熔结凝灰岩	0.1	9.5	8.9	0.01	5.17	1.08
其他岩类	0.1	2.6	0.9	0.01	2.6	0.86
白云质粉砂岩	0.5	12.52	5.47	0.017	33.9	2.47
白云质泥岩	0.2	8.6	3	0.02	6.6	2.16
凝灰质砂岩	2.6	12.04	7.7	0.005	5.35	2.03

各类岩性孔隙度由高到低依次为：熔结凝灰岩＞凝灰质砂岩＞白云质粉砂岩＞泥质白云岩＞泥质粉砂岩类＞白云质泥岩＞其他岩类（图 5-3-1）。

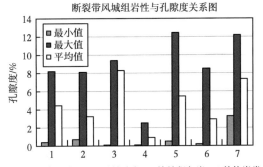
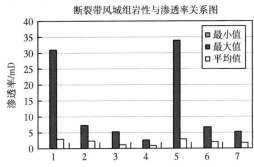

1.泥质白云岩；2.泥质粉砂岩；3.熔结凝灰岩；4.其他岩类；5.白云质粉砂岩；6.白云质泥岩；7.凝灰质砂岩

图 5-3-1　玛湖凹陷断裂带风城组地区岩性与物性直方图

综上所述，断裂带储集岩主要为熔结凝灰岩、凝灰质砂岩、白云质粉砂岩和泥质白云岩，部分为泥质粉砂岩和白云质泥岩。断裂作用形成的裂缝是风城组储层改善的必要条件，在构造应力的作用下，岩石易发生碎裂，产生裂缝，云质岩类微层理通常较发育，在应力作用下，易发育层间缝。此外，本区发育了较大规模的断裂，大量的构造裂缝与断裂伴生，大量的构造缝使储层连通性更好，对储层物性有较大的改造作用，因此产生相对优质储层。

2.斜坡区风城组岩性物性特征

据玛湖凹陷斜坡区风城组各类岩性的物性分析资料（表 5-3-2），对研究区 175 个样品进行分析，孔隙度的分布范围为：泥质白云岩（占总样品的 20%）为 0.1%~9.28%，平均值为 4.55%；泥质粉砂岩（占总样品的 15%）为 0.7%~8.19%，平均值为 3.32%；白云质泥岩（占总样品的 40%）为 0.2%~8.6%，平均值为 4%；凝灰岩（占总样品的 15%）为 0.4%~8.26%，平均值为 3.83%；其他岩类（占总样品的 10%）为 0.1%~2.6%，平均值为 1.9%。各类岩性孔隙度由高到低依次为：泥质白云岩＞白云质泥岩＞凝灰岩＞泥质粉砂岩＞其他岩类（图 5-3-2）。

表 5-3-2　斜坡区风城组各类岩性与物性关系

岩性	孔隙度 /%			渗透率 /mD		
	最小值	最大值	平均值	最小值	最大值	平均值
泥质白云岩	0.1	9.28	4.55	0.01	23.28	1.55
泥质粉砂岩	0.7	8.19	3.32	0.07	10.19	0.82
其他岩类	0.1	2.6	1.9	0.01	14.6	0.9
白云质泥岩	0.2	8.6	4	0.02	12.6	1.2
凝灰岩	0.4	8.26	3.83	0.04	10.26	0.92

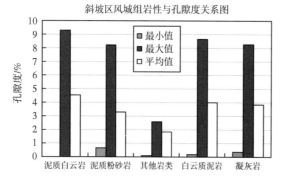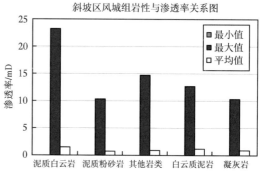

图 5-3-2　斜坡区风城组岩性与物性直方图

综上所述，斜坡区储集岩以白云岩和白云质泥岩为主，对储层贡献最大。

二、成岩作用对储层的控制

风城组破裂和溶蚀作用无疑是控制储层发育的两大主要因素：断裂带区域，大断层为成岩流体的运移的主要通道，同时构造破裂形成大量裂缝，有利于流体深入地层，使方解石、白云石及硅硼钠石等盐类矿物强烈溶蚀，是大量次生溶孔形成的主要原因；斜坡区断层不如断裂带发育，但强烈的构造应力作用下仍然发育大量微裂缝，这些微裂缝成为成岩流体的主要通道，溶蚀作用较断裂带弱，物性较断裂带差，但次生溶孔仍然是风城组主要的储集空间。

三、异常高压对储层的控制

风二段富含盐类矿物，有利于形成异常高压带。异常高压带对于风城组油气保存具有积极的意义。一方面，异常高压使风城组内部的次生孔隙得到有效的保存，有效抑制了下伏油气的散失；另一方面，异常高压下有利于储层微裂缝发育。

利用测井资料检测异常地层孔隙压力方法，依据"泥质沉积物不平衡压实造成地层欠压实并产生异常高压"这一最普遍的异常高压形成机制。使用等效深度计算预测地层孔隙压力，并通过公式：压力系数＝预测地层压力／正常地层压力得到不同深度的压力系数。结果表明玛湖凹陷风二段以下普遍存在压力异常，与试油实测数据吻合。

利用地质资料预测地层压力是一种有效的预测手段，地震波在地层中的传播速度主要取决于地层密度，地层密度与该地层岩层组分和孔隙体积有关。地震波传播速度随地层埋深增加而增大，传播单位距离所需时间逐渐减少。正常压力层下存在高压层，地震波传播速度由原来的增加趋势转为减少，传播单位距离所需时间增加。岩性纵向大体均匀情况下，可利用高压层低速响应进行地层压力预测。井约束地层压力预测法是利用地震的层速度和井的声波曲线联合计算地层压力，预测结果比直接法更接近实际地层压力，适用于已勘探开发地区对井间的地层压力预测。

中国石油勘探开发研究院西北分院（2010）采用 Martinez 法，该法也称之为迭代模拟法，对乌尔禾地区风城组进行了地层压力的预测研究，这种预测方法的核心实际上是 Fillippone 公式，所不同的只是 Martinez 对其进行改写，并考虑了密度影响，经改写后的 Fillippone 公式为

$$P_f(z_i) = P_{OV}(z_i) [C_{max}(z_i) - C_i(z_i)]/[C_{max}(z_i) - C_{min}(z_i)] \qquad (5-3-1)$$

式中 $P_{OV}(z_i)$ ——深度 z_i 处的上覆地层压力，MPa；

$C_{max}(z_i)$ ——孔隙度趋于零时的速度，即骨架速度，m/s；

$C_{min}(z_i)$ ——刚性趋于零时的速度，即最大孔隙时的速度，m/s；

Z_i ——深度，m；

$C_i(z_i)$ ——深度为 z_i 处的地层速度，m/s；

经过仔细研究并考虑地层的实际操作过程中的误差，得出乌尔禾地区风城组压力系数平面分布图（图 5-3-3），压力系数大于 1.4 的异常高压范围主要位于研究区的西南区，受风二段盐岩平面分布控制，其中风南 5 井附近异常高压最高。

四、裂缝对储层的控制

断裂不仅控制着构造的发育，同时控制着油气的运聚和富集。从以往钻探结果看，具有鼻隆构造背景及断裂发育区勘探效果好，鼻隆构造带是油气运移聚集的有利指向区，是油气平面分布的重要控制因素，而断裂即起到了油气运移通道作用，又是控制油气成藏的关键要素，风城 1 井二叠系风城组及风南 5 井风城组高产都与这两个因素有关。

断裂作用形成的裂缝是风城组储层改善的必要条件，在构造应力的作用下，云化岩易发生碎裂，产生裂缝，云化岩类微层理通常较发育，在应力作用下，易发育层间缝；此外，本区发育了较大规模的断裂，大量的构造裂缝与断裂伴生，大量的构造缝使储层连通性更好，对储层物性有较大的改造作用，因此产生相对优质的云化岩类储层。

裂缝的成因包括褶皱断裂作用、剥蚀作用、成岩作用等多种成因，玛湖凹陷风城组中发育的裂缝大多成组出现，且裂缝面上擦痕明显，同时见到阶步现象，裂缝沿层内延伸，裂缝面比较规则，这些想象说明构造作用是风城组内裂缝发育的主要因素。

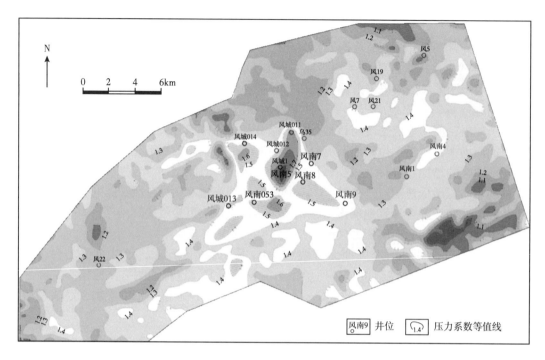

图 5-3-3　乌尔禾地区风城组压力系数平面分布图

（据中国石油勘探开发研究院西北分院，2010）

　　根据岩心描述、铸体薄片、电镜资料分析，风城组储层表现为裂缝—孔隙双重介质特点。裂缝类型有斜交缝、网状缝和直劈缝，不同层位和岩性裂缝密度变化较大，数值为 0.5~53.8 条 /m，裂缝宽度一般为 0.2~10mm，裂缝长度为 5~120cm（表 5-3-3，图 5-3-4）。根据岩心资料和 FMI 测井资料分析，距离断裂越远，裂缝密度越低，反之亦然。玛页 1 井、风 3 井和风 7 井距断裂近，裂缝密度高，分别为 26 条 /m、10.6 条 /m 和 27.3 条 /m，其中玛页 1 井在风城组试油 8 个小层，累计日产油 28t；风 3 井在风三段累计日产油为 122.54t；远离断裂的风 310 井、风 4 井裂缝密度较低，分别为 0.54/m 和 2.5 条 /m，其中风 4 井在风三段累计日产油为 37t，明显低于裂缝发育的风 3 井产量。

表 5-3-3　风城组油藏各段裂缝密度统计

井号	距断裂距离	各段裂缝发育密度 /（条 /m）		
		风三段	风二段	风一段
玛页 1 井	玛 16 井断裂北 200m	26.0	28.0	13.9
风 3 井	风 3 井断裂西北 80m	10.6		
风 7 井	风 3 井断裂北 150m	27.3	20.4	53.8
风城 011 井	乌南断裂北西 980m		3	
乌 355 井	乌南断裂北西 985m，乌南分断裂北西 800m	2.64	2	
乌 352 井	乌南断裂上，风 3 井断裂北西 900m	4.92	2.45	

续表

井号	距断裂距离	各段裂缝发育密度/（条/m）		
		风三段	风二段	风一段
风14井	风3井断裂南东240m	3.6	3.4	
风306井	风3井断裂西北260m	2.66		
风4井	乌南断裂北西420m，风3井断裂南东600m	2.5	1.3	
乌351井	乌南断裂北西430m	2.76		
风310井	风3井断裂南400m，乌南断裂北西630m	0.54	0.5	0.6
乌13井	风3井断裂北西890m	3.3	4	

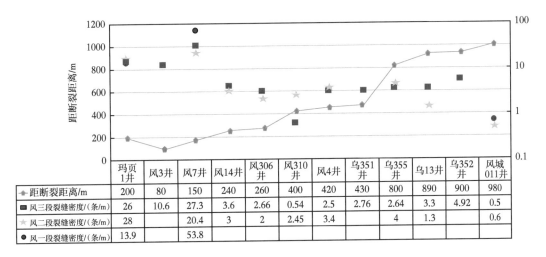

图 5-3-4 玛湖凹陷风城组裂缝密度与距断裂距离关系图

第四节 风城组致密储层评价与预测

一、储层综合评价

玛湖凹陷风城组致密储集岩类型复杂，但以熔结凝灰岩、凝灰质砂岩、白云质粉砂岩、泥质白云岩、泥质粉砂岩和白云质泥岩为主，因此选择此4类储集岩对风城组储层进行评价。通过铸体薄片、扫描电镜、常规物性及压汞等分析手段和方法，确定风城组凝灰质砂岩、白云质粉砂岩储层最好，其次为泥质白云岩、泥质粉砂岩及白云质泥岩储层，因此凝灰质砂岩、白云质粉砂岩达到Ⅰ类最有利储层的标准最低，而断裂带和斜坡区的评价标准也略有差异。

二、断裂带评价标准

凝灰质砂岩和白云质粉砂岩累计厚度大于20m、泥质白云岩厚度大于60m、泥质粉砂岩厚度大于40m、白云质泥岩厚度大于60m，孔隙度大于6%，渗透率大于1mD，同时为破裂—溶蚀成岩相（组合）区，即为Ⅰ类最有利储层发育区（表5-4-1）。

凝灰质砂岩和白云质粉砂岩累计厚度达到5~20m、泥质白云岩厚度为10~60m、泥质粉砂岩厚度为10~40m、白云质泥岩厚度为10~60m，孔隙度为2%~6%，渗透率为0.1~1mD，为破裂—溶蚀成岩相（组合）区，即为Ⅱ类较有利储层发育区（表5-4-1）。

凝灰质砂岩和白云质粉砂岩累计厚度达到小于5m、泥质白云岩厚度小于10m、泥质粉砂岩厚度小于10m、白云质泥岩厚度小于10m，孔隙度小于2%，渗透率小于0.1mD，为致密泥岩压实相或溶蚀—胶结成岩相（组合）区，即为Ⅲ类一般有利储层发育区（表5-4-1）。

三、斜坡区评价标准

凝灰质砂岩和白云质粉砂岩累计厚度大于20m、泥质白云岩厚度大于60m、泥质粉砂岩厚度大于40m、白云质泥岩厚度大于60m，孔隙度大于4%，渗透率大于0.1mD，为破裂—溶蚀成岩相（组合）区，即为Ⅰ类最有利储层发育区（表5-4-1）。

凝灰质砂岩和白云质粉砂岩累计厚度达到5~20m、或泥质白云岩厚度达到10~60m、或泥质粉砂岩厚度达到10~40m、或白云质泥岩厚度达到10~60m，并且孔隙度为1%~4%，并且渗透率为0.01~0.1mD，同时为破裂—溶蚀成岩相（组合）区，即为Ⅱ类较有利储层发育区（表5-4-1）。

凝灰质砂岩和白云质粉砂岩累计厚度达到小于5m、泥质白云岩厚度小于10m、泥质粉砂岩厚度小于10m、或白云质泥岩厚度小于10m，孔隙度小于1%，渗透率小于0.01mD，为致密泥岩压实相或溶蚀—胶结成岩相（组合）区，即为Ⅲ类一般有利储层发育区（表5-4-1）。

表5-4-1　玛湖凹陷风城组致密储层分类评价标准

分类	岩性	凝灰质砂岩、白云质粉砂岩厚度/m	泥质白云岩厚度/m	泥质粉砂岩厚度/m	白云质泥岩厚度/m	孔隙度/%	渗透率/mD	成岩相
断裂带	Ⅰ	> 20	> 60	> 40	> 60	> 6	> 1	破裂—溶蚀相
	Ⅱ	5~20	10~60	10~40	10~60	2~6	0.1~1	破裂—溶蚀相
	Ⅲ	< 5	< 10	< 10	< 10	< 2	< 0.1	致密泥岩压实相溶蚀—胶结相
斜坡区	Ⅰ	> 20	> 60	> 40	> 60	> 4	> 0.1	破裂—溶蚀相
	Ⅱ	5~20	10~60	10~40	10~60	1~4	0.01~0.1	破裂—溶蚀相
	Ⅲ	< 5	< 10	< 10	< 10	< 1	< 0.01	致密泥岩压实相溶蚀—胶结相

四、有利储层分布与预测

由于玛湖凹陷风城组地层存在异常高压（压力系数大于1.4），异常高压带的成因很多，但常与生烃作用、构造挤压作用和泥岩的欠压实作用有关，而对研究区风城组来说这几类成因都有利于储层的形成和保存，因此在储层评价基础上对储层进行预测时参考了研究区异常高压分布。裂缝的发育程度直接影响到矿物溶蚀强度，从而影响岩石储集性能，因此对有利储层分布进行预测时，裂缝分布特征应作为一个极其重要的因素。

评价发现玛湖凹陷风城组Ⅰ类最有利储层主要沿大断裂分布，特别是在断裂带分布范围最广，风二段和风三段最发育，其次为风一段；Ⅱ类较有利储层主要发育在研究区东部及南部；Ⅲ类一般有利储层主要沿研究区西北部及风南 7 井附近分布，而在风二段和风三段Ⅲ类储层在研究区西北部及风南 1 井、风南 3 井及风南 15 井附近有不同程度的分布。

　　风一段Ⅰ类最有利储层主要发育在玛湖凹陷西南部及中部地区（图 5-4-1），其中位于研究区中部风南 5 井—风 20 井—乌 354 井一带的最有利区已被勘探试油证实，该区大部分探井试油获得高产，而位于研究区中部玛页 1 井的Ⅰ类最有利区尚待勘探验证。

　　风二段Ⅰ类最有利储层主要发育在风 4 井、乌 353 井、玛页 1 井和夏 88 井附近（图 5-4-2），其分布面积与风一段时期大体相当。

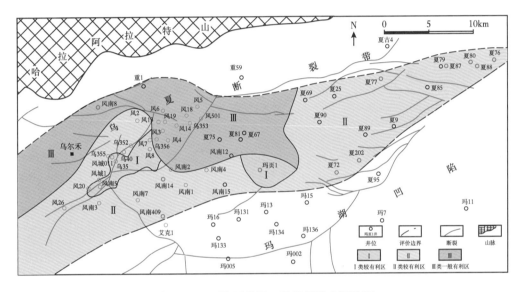

图 5-4-1　玛湖凹陷风一段储层综合评价图

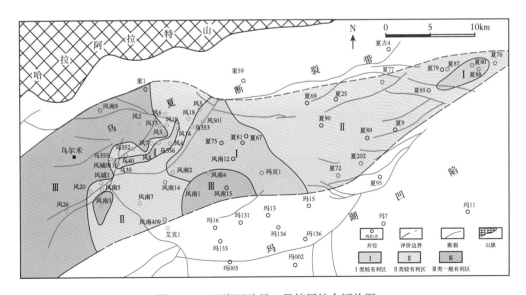

图 5-4-2　玛湖凹陷风二段储层综合评价图

风 3 段 I 类最有利储层主要发育在研究区中部,其最有利区面积相对风一段和风二段有所增大(图 5-4-3),勘探试油成果一般介于 20~90t/d(油气当量),风三段风南 3 井—乌 354 井—风 4 井—风 3 井一带为应力集中位置,同时也是粉砂岩类、云质岩类最发育的相带,强烈的破裂和溶蚀作用使得该区成为最有利储层发育的位置,同时风南 7 井—风南 15 井—玛页 1 井一带为破裂—溶蚀胶结相,储层物性相对较好,该区 I 类最有利区有待勘探验证。

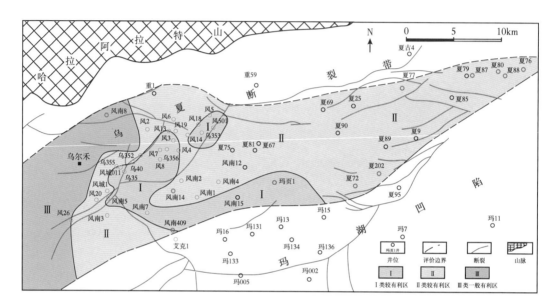

图 5-4-3　玛湖凹陷风三段储层综合评价图

第六章 玛页1井碱湖页岩油铁柱子的建立

玛页1井是玛湖凹陷部署的第一个风城组全取心页岩油钻井，针对油气显示较好的细粒白云质岩段，进行直井多级分层压裂后试油，最高日产油 50.6m³，显示出风城组页岩油良好的勘探开发前景。本章重点对玛页1井风城组岩相组合、成岩演化、沉积环境、生烃母质、储层四性关系等展开精细研究，建立了玛页1井风城组页岩油勘探铁柱子。

第一节 岩性组合特征

玛页1井岩石类型主要包括泥岩、砂岩、白云岩、燧石岩和石灰岩（图6-1-1）。整体以泥岩为主，约占68%。泥岩以白云质泥岩、硅质泥岩、粉砂质泥岩为主，通过系统的岩心观察描述，玛页1井泥岩以发育薄纹层构造为特征，纹层由薄的泥质和白云质、硅质、灰质组成互层，发育大量裂缝，后期被方解石等充填，岩心见雪花状云质斑点集中发育，见少量硅质条带，白云粉砂质泥岩夹浅灰色含白云泥质粉砂岩超薄层，局部见黑灰色泥质星点顺层分布，云质条带和黑灰色泥岩条带交互沉积，显现低缓波痕层理。泥岩中常见零星或聚集分布的粒状黄铁矿，黄铁矿粒径约为1~2mm，最大粒径达6mm，黄铁矿部分呈立方体晶形，聚集状黄铁矿常沿裂缝分布；在岩心上可明显观察到泥岩呈液化变形构造，呈现出不规则弯曲状纹层，岩心裂缝极其发育，以低角度微裂缝居多，高角度裂缝也较为发育，泥质层破碎成雁形排列的角砾，角砾间被方解石充填，角砾呈棱角状，大小为2mm。

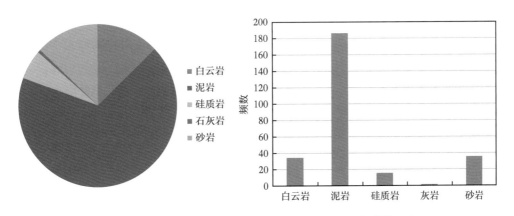

图6-1-1 玛页1井风一段上部—风三段湖相沉积的岩性组合

砂岩以岩屑砂岩为主，具砂质结构，纹层状构造，含白云泥质粉砂岩与黑灰色含白云粉砂质泥岩条带互层，粉砂岩岩心见大量雪花状、放射状云质斑点集中分布，颗粒以石英，长石和岩屑为主，长石主要为斜长石，岩屑主要为火山岩岩屑，磨圆度为次棱角状—次圆状。砂岩中也发育白云石和方解石颗粒，白云石主要为铁白云石，粉砂岩中浅黄色碎块泥砾条带与黑色泥质条带交互沉积，见硅质透镜体，砂岩油气显示良好，常成油斑、油浸等特征。白云岩以泥质白云岩为主，白云石颗粒含量约在75%左右，局部富集成条带状，白云石条带与泥质条带、粉砂质条带纹层状互层，呈明暗相间状，白云石颗粒主要为铁白云石，边缘铁质含量相对较高，染色呈淡蓝色。

白云岩在玛页1井中含量不高，但白云石颗粒在玛页1井由底至顶均有发育，在粉砂岩、泥岩、燧石岩中均发现大量白云石颗粒。玛页1井燧石岩主要存在条带状、纹层状、透镜状、角砾状、团块状等产状，燧石岩主要与云质岩，沉凝灰岩及风城组特有的盐岩共存，其中以与云质岩互层为主。岩心和镜下可以观察到硅质交代碳酸盐的现象，呈现明显的交代残余结构。通过镜下观察，在燧石岩中还具有白云石晶体发育良好的现象。

燧石岩以隐晶石英为主，局部可见重结晶现象，石英颗粒较大。在岩心上，燧石岩主要存在条带状、层状、纹层状、透镜状（团块）、结核状等产出。单层厚度约为2~10mm，最大可达15mm。在玛页1井中，燧石岩在风三段和风二段分布。虽然整体厚度不大但断续出现。通过显微镜下观察燧石岩微观特征，发现与燧石岩主要共生的矿物类型包括白云石、方解石及盐岩矿物。方解石在镜下多具交代残余现象，与硅质此消彼长。白云石晶形好，具有雾心亮边结构，与硅质相互成层产出，白云石晶间也可见隐晶石英，硅质内部也发育少量白云石晶体。盐岩矿物包括碳钠钙石、硅硼钠石等，均具有被硅质交代的现象，硅硼钠石被交代导致边缘呈现不规则状，碳钠钙石多呈现交代残余现象。燧石岩在镜下可见黄褐色球状颗粒，正交镜下消光。

石灰岩在玛页1井中少有分布，主要为碳酸盐岩集合体，滴酸剧烈起泡。主要分布于泥岩中，呈薄层状分布，主要为泥质灰岩和白云质泥岩。石灰岩主要与灰质泥岩、粉砂岩、云质泥岩互层。

在对玛页1井进行系统岩心观察和室内大量薄片鉴定工作基础上，重新对玛页1井每块岩心进行了岩性描述和定名，建立了完整的玛页1井岩性柱，在岩心柱状图上，可以明显观察到风城组各段岩性变化特征。风三段以白云质泥岩、白云质粉砂岩和白云岩为主，间夹少量灰岩和燧石岩薄层，岩心整体呈现为灰黑色，裂缝较为发育。风二段前半部分以白云质泥岩和粉砂岩为主，从第11筒开始，开始出现大量燧石岩和白云岩层，燧石岩主要呈条带状，纹层状与白云质泥岩互层。在风二段，白云岩大量出现。风一段上部分主要为泥岩与白云岩互层，间夹少部分硅质。第1筒岩心以泥岩、粉砂岩为主。第2筒相对来说白云质含量逐渐升高，以白云质泥岩和白云岩为主，局部出现少量燧石岩和粉砂岩。第4筒以白云质泥岩、硅质泥岩为主，夹少量白云岩和细砂岩。第5筒主要为白云质泥岩，夹少量泥质燧石岩。第6筒至第11筒以泥岩为主，逐渐出现少量硅质成分。至第11筒，硅质含量逐渐增加，硅质呈条带状，纹层状产出，与白云质泥岩，泥质白云岩互层，从第11筒开始，逐渐出现硅硼钠石薄层，硅硼钠石主要沿裂隙分布，晶体呈短柱状，烟灰色。从第13筒开始，大量出现白云岩，主要为泥质硅质白云岩。白云岩与燧石岩，粉砂岩，泥岩呈韵律互层。岩性开始多样化，各岩性间相互组合分布，组合类型复杂多样，变化迅速。

第二节　沉积环境恢复

风城组沉积时期玛湖凹陷整体处于伸展背景，这也能很好地解释乌尔禾—夏子街地区风城组沉积厚度在较短距离相差较大的原因。风城组沉积时期，玛湖凹陷可以划分为四个沉积区、克百地区近源陡坡区、碱湖中心区、乌尔禾斜坡区和夏子街缓坡区，沉积区的划分受正断层的控制。

玛页 1 井岩心复杂的岩性组合主要与发育多种沉积—成岩构造有关，且各类构造内充填多种不同的矿物。由于玛页 1 井风城组属盐湖边缘沉积，盐度波动高于或接近海水，在岩石组合上更接近潟湖沉积，因此风城组发育的沉积—成岩构造常常具有潟湖—潮坪相的特征。

一、暴露构造

1. 帐篷构造 (tepee structure)

帐篷构造是指尖顶状拱隆。帐篷构造一般认为发育于海相至陆相碳酸盐岩地层中，形态和胶结物的不同反映了沉积环境的变化 (Kendall and Warren，1987；刘芊等，2007)，其成因为裂隙填充的胶结物结晶膨胀导致层面突起变形。帐篷构造主要出现在潮坪白云岩中，当白云岩与石膏、硬石膏成交互纹层时，石膏的脱水或硬石膏的水化，引起岩石体积的收缩或膨胀。

玛页 1 井风城组的"拱隆"构造与发育于潮坪相地层中的帐篷构造有所不同，主要发育于燧石岩中 (图 6-2-1)，少数充填白云石，因此很难将硅质或云质充填的拱隆与碳酸盐岩地层中的帐篷构造联系在一起。事实上，帐篷构造在盐湖边缘相中也广泛被报道，主要形成于多期干旱热收缩和胶结、水化和热膨胀，一般指示暴露、半干旱气候和沉积物减少供应时期 (Plessis and Roux，1995)。帐篷构造的复杂程度随着暴露时间的长短而变化 (Riccardo and Christopher，1977)。风城组帐篷构造大小不等，大者在岩心上由多个燧石条带上拱形成，小者由一个燧石条带形成，在显微镜下才能观察到。

2. 干裂构造 (shrinkage cracks)

干裂构造在平面上呈规则多边形，纵切面呈"V"字形，切割原生构造，其充填物粗于围岩，可有铁质浸染，大多数干裂经撕裂、收缩后形成片状砾。干裂构造在淡水湖沉积相中一般发育于泥岩中，在咸水湖泊相中可发育于多种岩性中，最典型的是碳酸盐层和燧石岩层中。

玛页 1 井风城组的干裂构造发育于泥质岩、碳酸盐岩和燧石岩中，以白云质泥岩和云质壳最为典型 (图 6-2-2)。岩心上呈"V"字形，大小不一，大者裂缝中充填硅质角砾、细碎屑等物质，小者充填物与上覆地层物质一致。"V"字形裂缝时常被硅质层充填，硅质层中弥散分布白云石晶体。

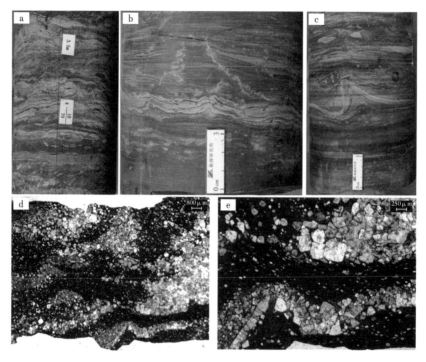

图 6-2-1　玛页 1 井风城组典型的帐篷构造

a——4608.56m；b——4696.23m；c——4752.81m；d、e——4764.26m。

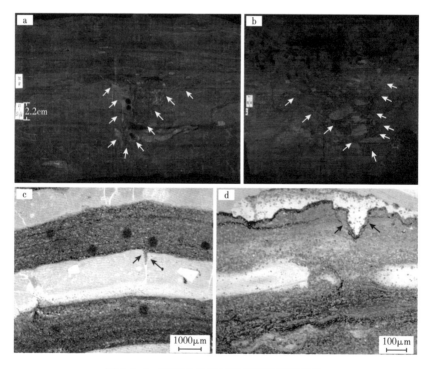

图 6-2-2　玛页 1 井风城组典型的干裂构造

a——4740.32m；b——4595.74m；c——4805.45m；d——4789.70m

3. 席状裂隙（sheet cracks）

席状裂隙指毫米级，近平行于层理的人字形空隙（Melezhik et al., 2004），呈黑白频繁间互、细密弯曲的条纹构造。席状裂隙与地表成岩作用有关，常常形成于暴露初期，在频繁的矿物生长、溶解过程中不断变大。玛页 1 井风城组发育丰富的席状裂隙，大小不一，常常被垂直裂隙或者斜裂隙切割（图 6-2-3）。席状裂隙主要发育于云质泥质岩中，主要充填巨晶方解石，后期方解石局部被硅质交代。

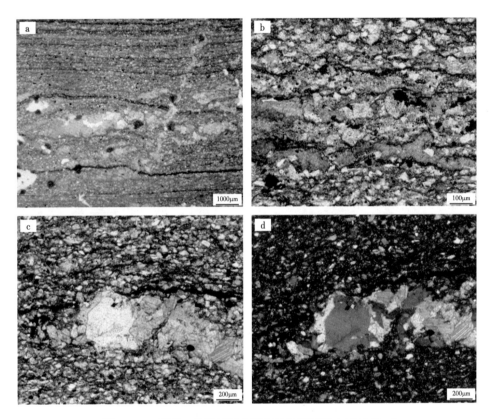

图 6-2-3　玛页 1 井风城组典型席状裂隙构造（4805.45m）

4. 熔结壳（sinter crust）

熔结壳是 Irion and Muller 于 1968 年提出，是指簇生的亮晶方解石在干泥坪和砂坪相中覆盖剥蚀表面、叠层石和燧石结核。一些内碎屑颗粒可以被方解石胶结形成多层纹层、等厚、示底、葡萄状等构造（Southgate and Lambert, 1989）。玛页 1 井风城组熔结壳结构主要发育于风三段，以充填叠锥方解石为主（图 6-2-4），后期被硅质和黄铁矿交代。

5. 根痕及肺泡结构（root moulds and alveolar septal structures）

植物根痕构造多出现于碳酸盐岩中的古土壤夹层中，由植物根须炭化或钙化形成，切穿层理为显著特征。玛页 1 井的植物根痕构造主要发育于风一段（第 18 筒—第 19 筒岩心），切穿纹层状泥岩，一般是一个垂向主根加数条斜向或者水平细根。目前根痕构造以充填细晶—中晶白云石为主（图 6-2-5），在阴极发光显微镜下发亮橙色。

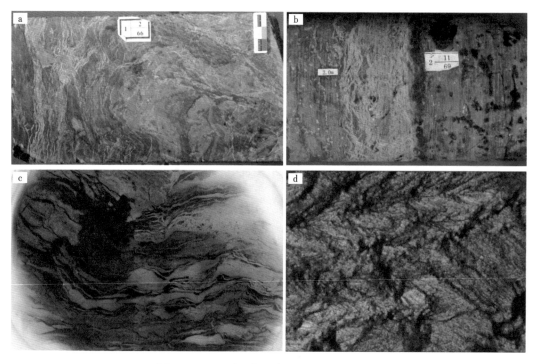

图 6-2-4 玛页 1 井风城组钙质熔结壳构造

a——4577.67m；b——4590.07m；c、d——4577.67m

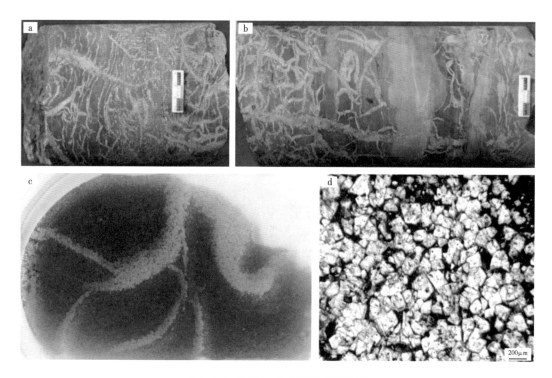

图 6-2-5 玛页 1 井风城组根痕构造

a——4828.79m；b——4823.56m；c、d——4832.65m

二、浅水构造

晶痕构造是石盐、石膏等易溶矿物在松软的沉积物表面上结晶生长，后经溶解消失、留下晶体形态特征的印痕。该类蒸发岩矿物并非从原始水体中结晶出来，而是在沉积物孔隙水中自生结晶出来，受两种机制影响：一种是沉积物沉积后，湖水退去，孔隙水或地下水受毛细管增发作用的影响，盐度增加，盐类矿物自生生长（displacive growth），挤压纹层；另一种是沉积物沉积后，随着埋深的增加，地层水逐渐挤压排出，在黏土矿物过滤作用下，H_2O 分子排出，盐类离子保留在孔隙水中，盐度增加，导致盐类矿物自生生长。蒸发岩矿物后期受淡水淋滤，溶解，形成晶体铸模。该类淡水淋滤主要发生在地表及近地表环境，说明形成晶痕构造的蒸发岩主要在毛细管蒸发作用下形成。玛页 1 井晶痕构造挤压、扭曲周缘纹层，以充填方解石为主（图 6-2-6）。

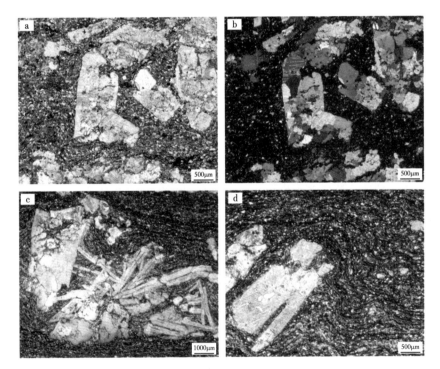

图 6-2-6 玛页 1 井风城组晶痕构造

a、b——4831.11m；c、d——4779.98m

三、半深水构造

风城组沉积时期，玛页 1 井位于玛湖凹陷的斜坡—边缘区，相对深水环境相对较少。半深水环境以纹层状构造为主，对应于相对盐度较小的时期，以微咸水为主。由于湖泊及孔隙水盐度较小，晶痕构造不发育，岩心整体呈灰色。

四、沉积相模式选取

玛页 1 井风城组粗碎屑含量较少，发育丰富的暴露构造，结合周缘地区风城组厚度较为一致地现象，说明玛湖凹陷东北斜坡区地势平坦，远离物源。在该地势条件下，一次较小的湖平面下降事件即可导致湖底大面积暴露，而一次较小的湖平面上升事件则又可以造成大面积暴露地层被水覆盖，造成湖泊边缘地层频繁发生湖进—湖退，地下水蒸发—淋滤事件多发。

在该地势条件下，选取传统的淡水湖三角洲相或者滨湖—泥坪相显得不太合适。同时考虑盐度和水深的变化，选取缓坡盐湖相的沉积模式，划分出 4 类沉积微相（图 6-2-7），包括沙坪相，位于地下水面之上；干坪相，位于地下水面之上；盐坪相，位于地下水面附近；湖泊相，位于地下水面之下。湖泊相进一步根据盐度划分为微咸水湖泊相和咸水湖泊相。

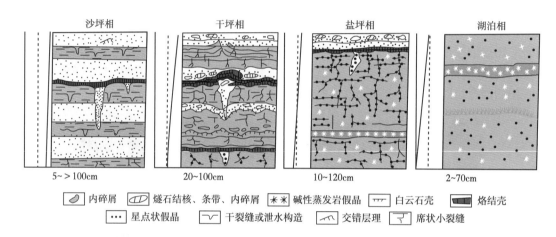

图 6-2-7 玛页 1 井风城组采用的沉积模式

1. 微咸水湖泊相

微咸水湖泊相对应于湖水水位较高、盐度较低的时期，以沉积纹层状、薄层状泥岩为主。由于盐度较低，盐类矿物不发育。由于沉积物沉积于较深水环境，成岩环境相对稳定，岩心表面较为洁净（图 6-2-8a、b），偶见稀疏的晶痕构造。

2. 咸水湖泊相

盐水湖泊相对应于湖泊水位相对较低时期，湖水盐度较高，但此时盐度仍没有达到直接沉淀盐类矿物的程度，原始沉积物仍以泥质岩沉积为主。该类沉积物在进一步埋藏过程中，受湖退影响，地层水盐度增加，盐类矿物在近地表大量析出，后期在淡水淋滤的作用下，进一步溶解，形成晶痕构造。但是由于盐类矿物并未成层沉积，咸水湖泊相以泥质岩为主。咸水湖泊相的主要早期成岩作用包括蒸发岩矿物的生长、溶解及后期方解石或白云石的充填（图 6-2-8c）。

3. 盐坪相

盐坪相对应于湖泊水位下降至沉积物附近，水深可能仅 1m 左右，此阶段湖水较为浓缩，盐度很高，大量蒸发岩矿物析出，沉积成层。但由于地势平坦，水位频繁变化，原始蒸发岩沉积很难保存，溶解后易被白云石或者硅质充填，形成白云岩层或者燧石岩层（图 6-2-9）。

4. 干坪相

干坪相对应于湖退期，以地下水作用为主，发育多类型的暴露构造，包括干裂、帐篷、角砾化、熔结壳、席状裂隙等，纵向、横向裂缝发育，岩性组合较为复杂，包含砂质、白云质、硅质结核、条带和角砾（图 6-2-10）。

图 6-2-8　玛页1井风城组湖泊相

a——微咸水湖泊相，岩心表面无星点状构造，4676.92m；b——微咸水湖泊相，岩心表面仅
少数星点状构造，4676.71m；c——咸水湖泊相，岩心表面大量星点状构造，4716.89m

图 6-2-9　玛页1井风城组盐坪相

a——4614.37m；b——4694.84m；c——4692.08m

123·

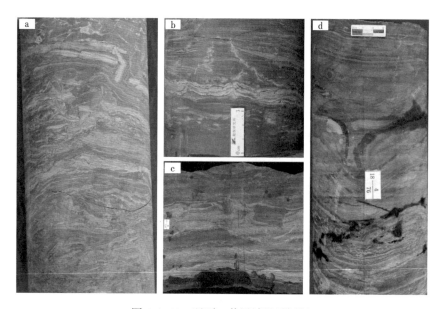

图 6-2-10　玛页 1 井风城组干坪相

a——4814.87m；b——4696.23m；c——4767.65m；d——4809.75m

5. 沙坪相

沙坪沉积对应于地下水位明显下降期，以沉积粗粒—细粒砂岩、钙质泥岩和薄层陆源碎屑泥岩为主。薄层斜层理砂岩，局部含有爬升层理，置于波状冲刷表面。砂岩也可形成 1~2mm 的厚层斜层理透镜体，在正序层理的底部。在砂泥岩互层的层序中，薄层泥岩常常发生干裂并局部被剥蚀。垂直管状构造，长达 1m，充填卷旋状或者均一的杂色砂泥（图 6-2-11）。

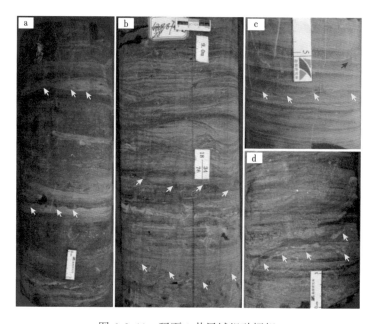

图 6-2-11　玛页 1 井风城组砂坪相

a——4711.5m；b——4817.91m；c——4618.37m；d——4669.01m

五、沉积环境演化史恢复

在上述沉积模式的基础上，通过对岩心进行厘米级精度的观察，在岩性组合、沉积—成岩构造的分析基础上，恢复了沉积环境的演化历史。

玛页 1 井风一段中下部以火山岩相和冲积扇为主。风城组沉积时期火山主要在乌夏地区喷发。据统计，在乌夏地区，风城组发育 4 种火山岩相、9 种亚相（鲜本忠等，2013）。爆发相热碎屑流亚相中的水下碎屑流微相储层物性最好，以夏 72 井区熔结凝灰岩为典型代表，发育大量的石泡构造空腔孔；其次为喷溢相上部亚相，原生气孔及杏仁体溶蚀孔发育；分选较好的火山沉积相储层岩石物性较好，受断层影响，微裂缝发育，渗透性高。玛页 1 井位于乌夏地区的火山岩富集区，风一段发育多种火山岩相，包括玄武岩、安山岩和流纹质重熔凝灰岩（图 6-2-12）。

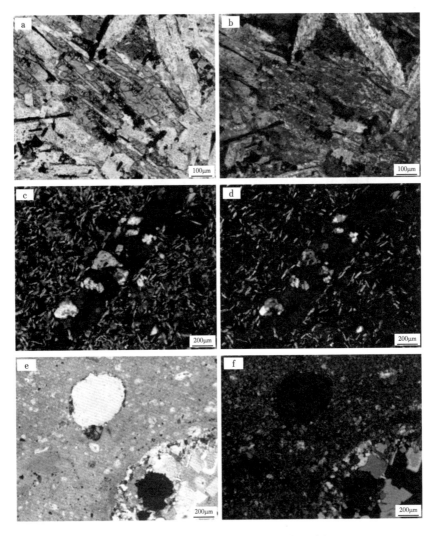

图 6-2-12　玛页 1 井风城组发育的火山岩相

a、b——玄武岩，4868.76m; c、d——安山岩，4932.47m; e、f——流纹质重熔凝灰岩，4897.3m

在火山喷发的间歇期，玛页1井地区以沉积冲积扇砂砾岩为主。砾石的磨圆较好，分选较差，砂岩和砾石的成分非常复杂，包括石英、长石、隐晶岩岩屑、安山岩岩屑、玄武岩岩屑、流纹岩岩屑、高级变质岩岩屑、燧石岩屑、凝灰岩岩屑、沉凝灰岩岩屑、粉砂岩岩屑、角闪石、黑云母、石英岩岩屑、片岩岩屑、碳酸盐岩岩屑、流纹岩岩屑等。碎屑常常呈定向排列、塑性岩屑变形，含沉凝灰岩撕裂屑，长石、石英加大普遍。白云石呈自形粉晶粒状、含自生铁白云石环边。凝灰岩岩屑硅化普遍，凝灰质脱玻化形成硅质或长石质。

风一段上部至风三段湖泊沉积经历了盐湖—微咸水湖—盐湖—微咸水湖—盐湖五个大的沉积环境演化，其中盐湖期以盐水湖—盐坪—干坪为主，淡水期以微咸水湖泊—沙坪为主。

第三节　生油岩与生烃母质

一、烃源岩评价

玛页1井风城组有机质丰度整体较低，约占总数的65%的样品，其TOC数值为0.2%~0.8%，TOC大于1%的样品不到总数的10%，且该部分的样品大部分在1.0%~1.4%之间，TOC大于2%的较少（图6-3-1a）。玛页1井风城组氯仿沥青"A"的大部分数值在0~0.5%之间，以0.1%~0.2%的样品最多，大于0.1%的样品占总数的70%以上（图6-3-1b）。岩石

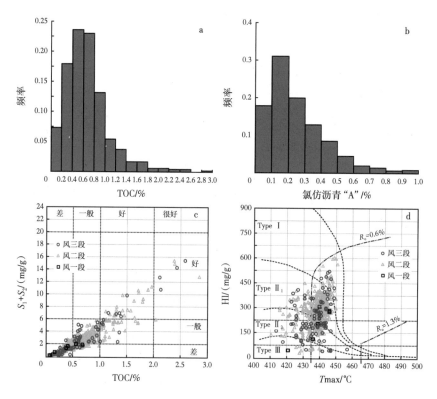

图6-3-1　玛湖凹陷玛页1井风城组烃源岩评价

a——总有机碳含量直方统计图；b——氯仿沥青"A"含量直方统计图；c——有机质丰度评价图；
d——有机质成熟度和类型评价图

热解结果显示,绝大多数风城组样品的生烃潜力(S_1+S_2)小于 4 mg/g,约占总数的 80%,不到 5% 的样品生烃潜力大于 6mg/g(图 6-3-1c)。根据烃源岩划分标准,从 TOC 和生烃潜力的角度,玛页 1 井风城组岩石整体为非烃源岩和一般烃源岩,而好烃源岩的占比小于 10%。但从氯仿沥青"A"的角度,大于 0.1% 的样品即为好烃源岩,70% 的样品为好烃源岩。岩石热解结果显示,玛页 1 井风城组的烃源岩主要含 II_1 型和 II_2 型干酪根,仅少量样品含有 I 型和 III 型干酪根(图 6-3-1d)。风城组三个层段的有机质丰度和类型差异性较小,分布较为均匀。

玛页 1 井风城组烃源岩贫 TOC 和富氯仿沥青"A"的特征与中国柴达木盆地新生代烃源岩的特征一致。前人在柴达木盆地研究时发现,氯仿沥青"A"的富集主要与特殊的生烃母质有关,如沟鞭藻,葡萄球菌等。生烃母质以该类藻为主的烃源岩,在有机质未成熟时期即可大量生烃。

二、生烃母质

风城组生烃母质以菌藻类为主,高等植物丰度低,反映碱湖沉积环境。王小军等(2018)发现风城组的藻类属种多样,包括褶皱藻、沟鞭藻、宏观底栖藻类的红藻以及少量疑源类等,成因复杂,兼具内源与外源。细菌主要为蓝细菌,有胶团群体和微生物席,发育生长纹层,不具鞭毛;没有真正的细胞核,仅有核质,位于细胞体的中央部位;其典型特征是蓝细菌为原核生物,不具真正细胞核。褶皱藻藻体具明显粗大的中央茎,向外辐射出侧枝;是一种真核生物,细胞壁分为 2 层,内层由纤维素组成,外层为果胶质;典型特征为具粗大的中央茎及不同类型侧枝。沟鞭藻为单细胞,具一条横向或是螺旋形状的钩(腰带)和 2 条鞭毛;细胞壁(壳壁)被腰带分成上下 2 部分,一条鞭毛横向插在腰带中,另一条由腰带向下方纵向伸展;典型特征为具腰带和鞭毛。宏观底栖藻类的红藻呈树枝状,叶状体具有外部皮层和内侧髓部的分化,典型特征为具四分孢子囊。疑源类为单细胞,不具板片、横沟和纵沟,单细胞孢囊,分类位置不明。此外,还有很大一部分为藻质来源的无定形体,无固定形态,边缘轮廓不清晰;无明显细胞结构,少数残留有藻类结构特征。通过荧光显微镜观察,玛页 1 井风城组的生烃母质主要包括三类:(1)纹层状或分散状藻质体(图 6-3-2a、b);(2)藻云岩(图 6-3-2c、d);(3)硅质球状藻类(图 6-3-2e、f)。

纹层状或分散状藻质体在风南 1 井、风南 2 井等井中较为发育,在玛页 1 井风城组较少见,主要分布在玛页 1 井第 11 筒(4693.12~4713.79m)和第 12 筒岩心中(4714.75~4743.59m)。在藻纹层发育的层段,白云石较为发育(图 6-3-2a)。藻云岩主要由泥晶白云石组成,在荧光照射下发强烈亮黄色荧光,代表有机质含量极为丰富。泥晶白云石晶体本身亦发荧光,说明晶体内含有有机质。该类藻云岩主要分布在玛页 1 井第 19 筒湖相沉积的最底部,位于玄武岩之上。硅质球状藻类在玛页 1 井分布最广,风一段、风二段和风三段均有分布,其中风二段最为发育。硅质球状藻类主要分布在燧石中,条带状和结核状燧石中均有发育。球状藻类直径约为 15~35μm,较为密集发育。球体具有双层,内部充填硅质或沥青,外壳以硅质为主,部分球体周缘发育栉壳状包壳。该类硅质球状生物可能是葡萄球菌或者甲藻,二者均是湖相烃源岩重要的生烃母质。

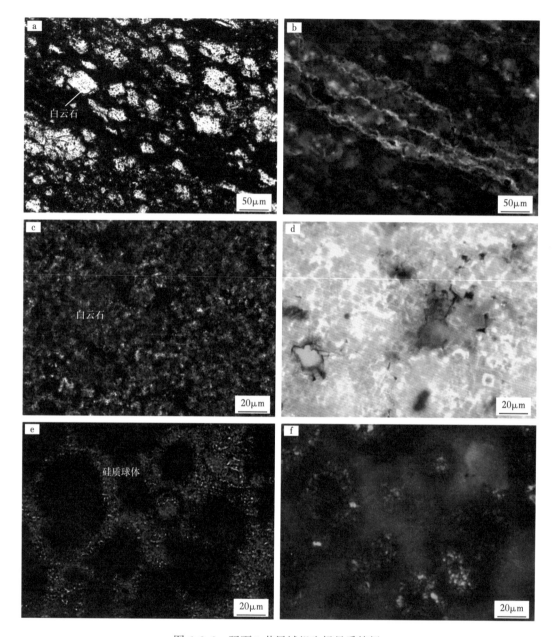

图 6-3-2　玛页 1 井风城组生烃母质特征

a、b——纹层状藻质体（玛页 1 井，4631.2m）；c、d——藻云岩（玛页 1 井，4854.75m）；
e、f——硅质球状藻类（玛页 1 井，4629.57m）

第四节　储层四性关系

在岩心观察描述、电性分析、全岩 X 射线衍射（XRD）分析基础上，识别出玛页 1 井目标层段的主要岩性包括泥岩、砂岩、石灰岩、白云岩、燧石岩、硅硼钠石岩、凝灰岩、安山岩和玄武岩等岩石类型，其中泥岩根据矿物组成的差异，可细分为白云质、粉砂质、硅质、硅硼钠石、灰质、较纯及其组合类型（如白云质粉砂质、白云质硅硼钠石质、粉砂质白云质、硅质白云质、硅质灰质、灰质白云质、灰质硅质、硅硼钠石白云质）等泥岩类型，具有成分多变、类型多样、成因复杂的特点。结合裂缝统计分析，列出了不同岩性对应的裂缝发育情况；在压汞分析、孔渗碳氯分析基础上，通过交会图和地质统计分析，讨论了岩性与物性之间的关系；在油气录井、油气显示地质统计学和荧光分析基础上，探讨了岩性与含油气性的关系；综合岩性、物性与含油性特征，探讨了岩性、物性与含油性之间的关系。

一、玛页1井物性特征

从孔隙度—渗透率散点图（图6-4-1）上看，各类型泥岩存在不同程度的重叠，泥岩与其他岩性的区分较为明显。各类岩性相比之下，安山岩具低孔低渗特征；白云岩物性较为分散具有低孔低渗、低孔较高渗透和较高孔低渗三种类型；硅硼钠石岩数据较少，整体属中低孔中低渗；燧石岩具有低孔低渗、低孔中低渗和中孔低渗三种类型；灰岩呈现中—低孔中渗特征。泥岩大类物性分布较为分散，不同矿物组成的泥岩类型表现为不同的物性特征（图6-4-1，表6-4-1）：（1）白云质粉砂质泥岩具中—低孔低渗特征；（2）白云质硅质泥岩具低孔中低渗特征；（3）白云质泥岩物性数据最多，且较为分散，具中孔中低渗、低孔低渗、低孔中低渗、中孔中渗；（4）粉砂质白云质泥岩呈现中孔低渗和低孔中低渗特征；（5）粉砂质泥岩呈现低孔中低渗特征；（6）硅硼钠石化泥岩具低孔低渗特征；（7）硅质白云质泥岩具有中孔中渗、低孔低渗特征；（8）硅质泥岩较为分散，具有低孔低渗、高孔中渗、中低孔中渗特征；（9）灰质白云质泥岩表现为低孔低渗特征；（10）灰质泥岩具有低孔低渗和中低孔中渗两种特征，与其孔隙—裂缝双重孔隙结构有关；（11）泥岩多分布于低孔低渗、少量弥散于中低孔中低渗范围。凝灰岩多具中高孔低渗特征，这与其孤立互不连通的熔孔、气孔等孔隙结构密切有关。砂岩除个别具低孔高渗（与裂缝有关）特征外，绝大多数具有高—低孔低渗特征，这与砂岩的破坏性成岩作用密切相关。玄武岩与凝灰岩相似，具有喷出岩共性特征，即高孔低渗特征（图6-4-2）。

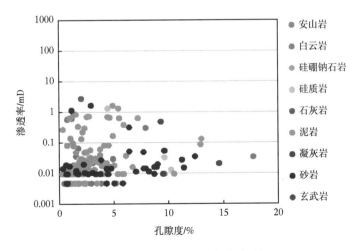

图6-4-1　不同岩性孔渗关系图解

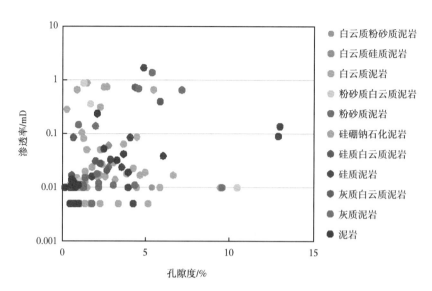

图 6-4-2　不同成分泥岩孔渗关系图解

从不同岩性孔隙度统计直方图上可见，玄武岩、凝灰岩、安山岩等这类火山喷出岩的平均孔隙度最大，因为其中蕴含丰富气孔、溶孔等孔隙类型；随后为砂岩、硅硼钠石岩，泥岩、燧石岩和白云岩相当，最小为石灰岩。白云岩的最大孔隙度最大，其次为玄武岩，随后为泥岩、砂岩和燧石岩，最后为硅硼钠石岩、安山岩和石灰岩，最大孔隙度主要与裂缝和次生变化有关。玄武岩、凝灰岩、安山岩等这类火山喷出岩的最小孔隙度最大，其次为灰岩，其他岩性的最小孔隙度相当，值都很低（图 6-4-3）。

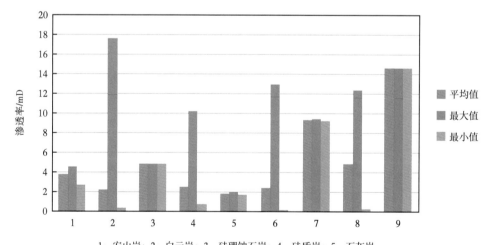

1: 安山岩；2: 白云岩；3: 硅硼钠石岩；4: 硅质岩；5: 石灰岩；
6: 泥岩；7: 凝灰岩；8: 砂岩；9: 玄武岩

图 6-4-3　主要岩性孔隙度统计直方图

表 6-4-1 主要岩性孔隙度与渗透率统计表

岩性	孔隙度 /%			渗透率 /mD		
	平均值	最大值	最小值	平均值	最大值	最小值
安山岩	3.80	4.60	2.70	0.010	0.018	0.005
白云岩	2.26	17.70	0.40	0.050	0.652	0.005
硅硼钠石岩	4.90	4.90	4.90	0.177	0.177	0.177
燧石岩	2.50	10.20	0.80	0.071	1.410	0.005
石灰岩	1.86	2.00	1.70	1.168	2.900	0.012
泥岩	2.40	13.00	0.20	0.105	1.710	0.005
凝灰岩	9.40	9.50	9.30	0.261	0.511	0.010
砂岩	4.82	12.40	0.30	0.094	1.730	0.005
玄武岩	14.60	14.60	14.60	0.022	0.022	0.022

从不同岩性渗透率统计直方图上可见，火山岩中，玄武岩和安山岩平均渗透率最低，凝灰岩溶蚀作用发育，渗透率得以改善；石灰岩平均渗透率最大，凝灰岩、硅硼钠石岩、泥岩、砂岩、燧石岩、白云岩依次降低（图6-4-4）。

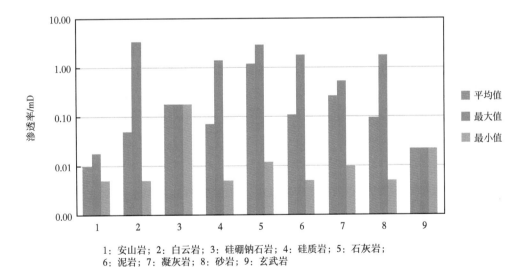

1：安山岩；2：白云岩；3：硅硼钠石岩；4：硅质岩；5：石灰岩；
6：泥岩；7：凝灰岩；8：砂岩；9：玄武岩

图 6-4-4 主要岩性渗透率统计直方图

综合孔隙度和渗透率统计结果（图6-4-1、图6-4-2、图6-4-3、图6-4-4，表6-4-1、表6-4-2），可见凝灰岩物性最好，其次为泥岩、砂岩、硅硼钠石岩、燧石岩和白云岩，安山岩和玄武岩因渗透率太低，物性较差。

表 6-4-2　不同成分泥岩孔隙度和渗透率统计表

岩性	孔隙度 /%			渗透率 /mD		
	平均值	最大值	最小值	平均值	最大值	最小值
白云质粉砂质泥岩	3.35	5.40	1.30	0.010	0.010	0.010
白云质硅质泥岩	1.63	2.80	1.00	0.025	0.061	0.005
白云质泥岩	2.19	9.50	0.30	0.099	0.896	0.005
粉砂质白云质泥岩	3.06	10.50	0.70	0.257	0.891	0.010
粉砂质泥岩	2.30	2.80	2.00	0.047	0.140	0.010
硅硼钠石化泥岩	0.80	0.80	0.80	0.011	0.011	0.011
硅质白云质泥岩	2.40	5.90	0.70	0.150	0.401	0.028
硅质泥岩	3.49	13.00	0.50	0.121	1.710	0.005
灰质白云质泥岩	2.07	4.40	0.60	0.141	0.739	0.005
灰质泥岩	3.09	9.60	0.80	0.198	1.390	0.005
泥岩	1.90	6.10	0.20	0.031	0.237	0.005

不同成分泥岩（表6-4-2）中，最大孔隙度为0.8%~13%，跨度较大，涵盖高孔至特低孔。硅质泥岩的最大孔隙度最大，属高孔；粉砂质白云质泥岩、白云质泥岩、灰质泥岩次之，属中—高孔；然后依次为白云质粉砂质泥岩、硅质白云质泥岩、泥岩、白云质硅质泥岩和粉砂质泥岩；硅硼钠石化泥岩最小，属特低—低孔。平均孔隙度为0.8%~3.49%，跨度较小，泥岩整体处于低孔—特低孔范围内，硅质泥岩平均孔隙度最大，其次为白云质粉砂质泥岩、灰质泥岩、粉砂质白云质泥岩，接着为硅质白云质泥岩、粉砂质泥岩、白云质泥岩等，硅硼钠石化泥岩最差。最小孔隙度为0.2%~2%，属于特低孔，不同成分泥岩之间差别不大，其中最大的为粉砂质泥岩，最小的为相对较纯的泥岩（图6-4-5）。

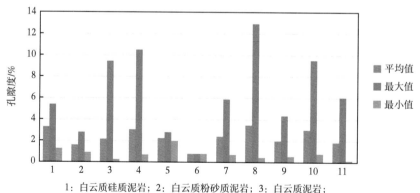

1：白云质硅质泥岩；2：白云质粉砂质泥岩；3：白云质泥岩；
4：粉砂质白云质泥岩；5：粉砂质泥岩；6：硅硼钠石化泥岩；
7：硅质白云质泥岩；8：硅质泥岩；9：灰质白云质泥岩；
10：灰质泥岩；11：泥岩

图 6-4-5　不同成分泥岩孔隙度统计直方图

就渗透率（图6-4-6）而言，最大渗透率范围为0.01~1.71mD，差别较大，中低渗到特低渗，其中硅质泥岩最大，灰质泥岩次之，白云质泥岩、粉砂质白云质泥岩和灰质白云质泥岩等再次之，白云质粉砂质泥岩最小。平均渗透率范围为0.031~0.257mD，相差幅度不大，其中粉砂白云质泥岩最大，灰质泥岩、硅质白云质泥岩、硅质泥岩、灰质白云质泥岩次之，泥岩、白云质粉砂质泥岩、白云质硅质泥岩、硅硼钠石化泥岩等最小。最小渗透率范围为0.005~0.028mD，整体相差不大。

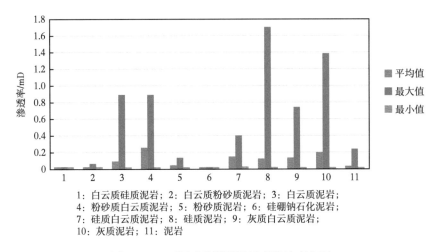

1：白云质硅质泥岩；2：白云质粉砂质泥岩；3：白云质泥岩；
4：粉砂质白云质泥岩；5：粉砂质泥岩；6：硅硼钠石化泥岩；
7：硅质白云质泥岩；8：硅质泥岩；9：灰质白云质泥岩；
10：灰质泥岩；11：泥岩

图6-4-6 不同成分泥岩渗透率统计直方图

综上足见，白云质泥岩、粉砂质白云质泥岩、灰质泥岩整体物性较好，硅硼钠石化泥岩和较纯的泥岩物性较差；另外，泥岩矿物组分愈复杂，其渗透率各项统计参数越小。

为了反映不同岩性、不同油气显示与物性之间的关系，分别对玛页1井主要岩性和不同成分泥岩的含油性、物性进行统计分析。物性数据中缺少玄武岩、安山岩和硅硼钠石岩的相关数据。统计结果（图6-4-7）显示，凝灰岩中油气显示全为油斑，且其对应的平均孔隙度最大，可达9.4%，油迹平均孔隙度最大的为燧石岩，即10.2%，油浸平均孔隙度最大的为白云岩，即11.3%，可达中—高孔，油斑平均孔隙度最小的为燧石岩，为1%，油迹平均孔隙度最小的为砂岩，为1.44%，油浸平均孔隙度最小的为石灰岩，为1%。油斑平均渗透率最大的是凝灰岩，即0.261mD，油迹、油浸平均渗透率最大的均为石灰岩，分别为1.938mD和2mD；油斑平均渗透率最小的为燧石岩，即0.011mD，油迹平均渗透率最小的为燧石岩，即0.014，油浸平均渗透率最小的为泥岩，即0.0118mD。

不同成分泥岩中白云质硅硼钠石质泥岩、白云质硅质泥岩、粉砂质白云质泥岩、硅硼钠石化泥岩、硅质灰质泥岩、硅质灰质泥岩、灰质白云质泥岩、灰质硅质泥岩和硅硼钠石白云质泥岩缺少油气显示或物性数据，显示为空白。油斑平均孔隙度最大的为灰质泥岩，即4.6%，其次为白云质粉砂质泥岩和泥岩；油迹平均孔隙度最大的为硅质泥岩，即12.95%，其次为灰质泥岩；油浸平均孔隙度最大的为白云质泥岩，即1.6%，其次为硅质泥岩；仅白云质泥岩发育沥青显示；油斑平均孔隙度最小的为硅质白云质泥岩，即0.7%；油迹平均孔隙度最小的为粉砂质白云质泥岩，即1.1%；油浸平均孔隙度最小的为硅质泥岩，即0.5%。油斑平均渗透率最大的为灰质泥岩，即0.703mD，其次为白云质泥岩；油迹平均渗透率最大的为较纯泥岩，即 0.231mD，其次为硅质泥岩；油浸平均渗透率最大的为白云质泥岩，即 0.0147mD，其次为硅质泥岩。油斑平均渗透率最小的为白云质粉砂质泥岩和粉砂质泥岩，均为 0.01mD；油迹平均渗透率最小的为粉砂质白云质泥岩，即 0.013mD；油浸平均渗透率最小的为硅质泥岩，即 0.0075mD（图 6-4-8）。

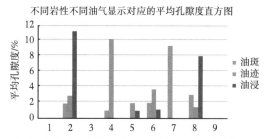

1：安山岩；2：白云岩；3：硅硼钠石岩；4：硅质岩；
5：石灰岩；6：泥岩；7：凝灰岩；8：砂岩；9：玄武岩

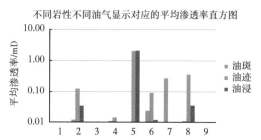

1：安山岩；2：白云岩；3：硅硼钠石岩；4：硅质岩；
5：石灰岩；6：泥岩；7：凝灰岩；8：砂岩；9：玄武岩

图 6-4-7　不同岩性不同油气显示对应的平均孔隙度和平均渗透率统计直方图

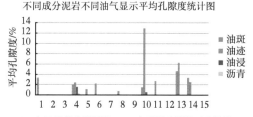

1：白云质粉砂质泥岩；2：白云质硅硼钠石质泥岩；
3：白云质硅质泥岩；4：白云质泥岩；5：粉砂质白
云质泥岩；6：粉砂质泥岩；7：硅硼钠石化泥岩；
8：硅质白云质泥岩；9：硅质灰质泥岩；10：硅质
泥岩；11：灰质白云质泥岩；12：灰质硅质泥岩；
13：灰质泥岩；14：泥岩；15：硅硼钠石化白云质
泥岩

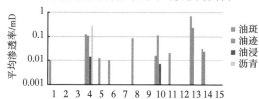

1：白云质粉砂质泥岩；2：白云质硅硼钠石质泥岩；
3：白云质硅质泥岩；4：白云质泥岩；5：粉砂质白
云质泥岩；6：粉砂质泥岩；7：硅硼钠石化泥岩；
8：硅质白云质泥岩；9：硅质灰质泥岩；10：硅质
泥岩；11：灰质白云质泥岩；12：灰质硅质泥岩；
13：灰质泥岩；14：泥岩；15：硅硼钠石化白云质
泥岩

图 6-4-8　不同成分泥岩不同油气显示平均孔隙度和平均渗透率统计直方图

　　不同岩性不同油气显示对应的最大孔隙度和最大渗透率统计直方图（图 6-4-9）显示，凝灰岩中油气显示全为油斑，且其对应的最大孔隙度最大，可达 9.5%，其次为砂岩和白云岩；油迹最大、孔隙度最大的为泥岩，即 13%，其次为燧石岩和白云岩；油浸最大、孔隙度最大的为白云岩，即 17.7%，可达高孔，其次为玄武岩。油斑最大、孔隙度最小的为燧石岩，为 1%；油迹最大、孔隙度最小的为石灰岩，为 2%；油浸最大、孔隙度最小的为泥岩，为 1.8%。油斑最大、渗透率最大的是凝灰岩，即 0.261mD，其次为泥岩；油迹最大、渗透率最大的为灰岩，为 2.9mD，其次为砂岩、泥岩和白云岩；油浸最大、渗透率最大的为砂岩，其次为白云岩；油斑最大、渗透率最小的为燧石岩，即 0.011mD，油迹最大、渗透率最小的为燧石岩，即 0.014mD，油浸最大、渗透率最小的为泥岩，即 0.024mD。

　　油斑最大、孔隙度最大的为白云质泥岩，即 5.9%，其次为白云质粉砂质泥岩；油迹最大、孔隙度最大的为灰质泥岩，即 9.6%，其次为白云质泥岩；油浸最大、孔隙度最大的为白云质泥岩，即 1.8%，其次为硅质泥岩；仅白云质泥岩发育沥青显示；油斑最大、孔隙度最小的为硅质白云质泥岩，即0.7%；油迹最大、孔隙度最小的为粉砂质白云质泥岩，即1.1%；油浸最大、孔隙度最小的为硅质泥岩，即0.5%。油斑最大、渗透率最大的为灰质泥岩，即0.703mD，其次为硅质白云质泥岩；油迹最大、渗透率最大的为白云质泥岩，即0.745mD，其次为灰质泥岩；油浸最大、渗透率最大的为白云质泥岩，即0.024mD，其次为硅质泥岩。油斑最大、渗透率最小的为粉砂质泥岩和白云质粉砂质泥岩，即0.01mD；油迹最大、渗透率最小的为粉砂质白云质泥岩，即0.013mD；油浸最大渗透率最小的为硅质泥岩，即0.01mD（图6-4-10）。

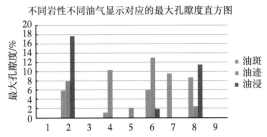

1：安山岩；2：白云岩；3：硅硼钠石岩；4：硅质岩；
5：石灰岩；6：泥岩；7：凝灰岩；8：砂岩；9：玄武岩

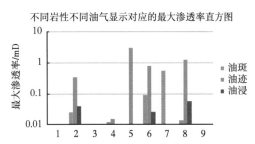

1：安山岩；2：白云岩；3：硅硼钠石岩；4：硅质岩；
5：石灰岩；6：泥岩；7：凝灰岩；8：砂岩；9：玄武岩

图6-4-9　不同岩性不同油气显示最大孔隙度和最大渗透率统计直方图

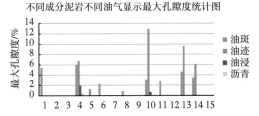

1：白云质粉砂质泥岩；2：白云质硅硼钠石质泥岩；
3：白云质硅质泥岩；4：白云质泥岩；5：粉砂质白
云质泥岩；6：粉砂质泥岩；7：硅硼钠石化泥岩；
8：硅质白云质泥岩；9：硅质泥岩；10：硅质泥
岩；11：灰质白云质泥岩；12：灰质硅质泥岩；
13：灰质泥岩；14：泥岩；15：硅硼钠石化白云质
泥岩

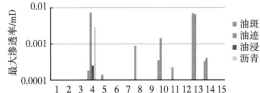

1：白云质粉砂质泥岩；2：白云质硅硼钠石质泥岩；
3：白云质硅质泥岩；4：白云质泥岩；5：粉砂质白
云质泥岩；6：粉砂质泥岩；7：硅硼钠石化泥岩；
8：硅质白云质泥岩；9：硅质灰质泥岩；10：硅质
泥岩；11：灰质白云质泥岩；12：灰质硅质泥岩；
13：灰质泥岩；14：泥岩；15：硅硼钠石化白云质
泥岩

图6-4-10　不同成分泥岩不同油气显示最大孔隙度和最大渗透率统计直方图

　　不同岩性不同油气显示对应的最小孔隙度和最小渗透率统计直方图（图6-4-11）表明，凝灰岩中油气显示全为油斑，且其对应的最小孔隙度最大，可达9.3%，其次为砂岩和燧石岩；油迹最小、孔隙度最大的为燧石岩，即10.2%，其次为石灰岩；油浸最小、孔隙度最大的为砂岩，即6.4%，其次为白云岩。油斑最小、孔隙度最小的为泥岩，为0.7%；油迹最小、孔隙度最小的为泥岩，为0.2%；油浸最小孔隙度最小的为泥岩，为0.5%。油斑最小、渗透率最大的是燧石岩，即0.011mD，其次为砂岩、凝灰岩和白云岩；油迹最小、渗透率最大的为白云岩，分别为0.016mD，其次为灰质岩和燧石岩；油浸最小、渗透率最大的为白云岩，即0.031mD，其次为砂岩。油斑最小、渗透率最小的为泥岩和白云岩，即0.005mD；油迹最小、渗透率最小的为泥岩和砂岩，即0.005mD；油浸最小渗透率最小的为泥岩，即 0.005mD。

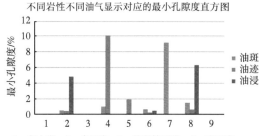 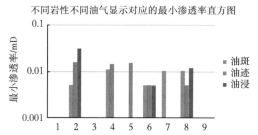

图 6-4-11　不同岩性不同油气显示最小孔隙度和最小渗透率统计直方图

　　油斑最小、孔隙度最大的为灰质泥岩，即 4.6%，其次为较纯泥岩；油迹最小、孔隙度最大的为硅质泥岩，即 12.9%，其次为灰质白云质泥岩；油浸最小、孔隙度最大的为白云质泥岩，即 1.5%，其次为硅质泥岩。仅白云质泥岩发育沥青显示。油斑最小、孔隙度最小的为硅质泥岩、白云质泥岩和硅质白云质泥岩，即 0.7%；油迹最小、孔隙度最小的为较纯泥岩，即 0.2%；油浸最小孔隙度最小的为硅质泥岩，即 0.5%。油斑最小、渗透率最大的为灰质泥岩，即 0.703mD，其次为硅质白云质泥岩；油迹最小、渗透率最大的为硅质泥岩，即 0.091mD，其次为灰质白云质泥岩；油浸最小、渗透率最大的为白云质泥岩，即 0.01mD，其次为硅质泥岩。油斑最小、渗透率最小的为硅质泥岩和白云质泥岩，即 0.005mD；油迹最小、渗透率最小的为白云质泥岩和较纯泥岩，即 0.005mD；油浸最小、渗透率最小的为硅质泥岩，即 0.005mD（图 6-4-12）。

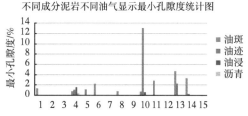 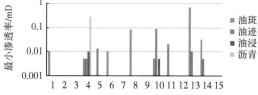

图 6-4-12　不同成分泥岩不同油气显示最小孔隙度和最小渗透率统计直方图

二、玛页1井含油性特征

　　在油气显示录井的基础上，结合荧光观察、油气饱和度，通过统计分析，讨论玛页 1 井不同岩性的油气显示差异，为纵向选层、开发部署、邻井滚动勘探等提供地质依据。

　　对比某岩性总厚度与油气显示总厚度，计算油气显示厚度占比。分类型统计油气显示，分析油气显示的类型组成，识别出不同岩性的主要贡献油气类型，得到通过不同岩性总厚度、油气显示厚度及组成（图 6-4-13）。

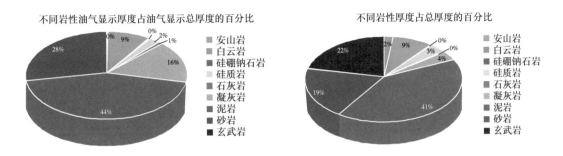

图 6-4-13　不同岩性油气显示厚度占油气显示总厚度的百分比及其岩性厚度占总厚度的百分比

统计结果表明，玛页 1 井研究层位在所有岩性中油气贡献占 97% 的岩性为泥岩、砂岩、凝灰岩和白云岩（图 6-4-14），其余的安山岩、硅硼钠石岩、燧石岩、石灰岩和玄武岩仅占 3%；从研究层位的岩性组成上看，泥岩、砂岩、玄武岩和白云岩占总厚度的 91%，

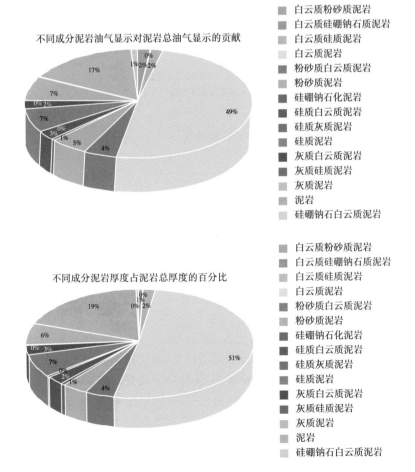

图 6-4-14　不同成分泥岩油气显示厚度占油气显示总厚度的百分比及其岩性厚度占总厚度的百分比

其他占 8%。对比各岩性厚度贡献和油气贡献，可见泥岩是两者贡献最大的，从贡献的效率上看，岩性厚度占 4% 的凝灰岩贡献了 16% 的油气显示，效率最高，其次为 19% 的砂岩贡献了 28% 的油气显示；然而最低的是玄武岩，22% 的玄武岩并未贡献油气显示。

泥岩中各矿物组分岩性贡献比例和油气贡献比例基本相当，比如岩性厚度占比 51% 的白云质泥岩贡献了 49% 的油气显示，与岩性贡献占 6% 的灰质泥岩贡献了 7% 的油气显示相比，各自岩性的单位占比贡献的油气占比相当。泥岩中岩性和油气显示贡献最大的是白云质泥岩，其次为较纯泥岩，灰质泥岩、硅质泥岩、粉砂质泥岩、粉砂质白云质泥岩次之，其他的贡献很小（图 6-4-15）。

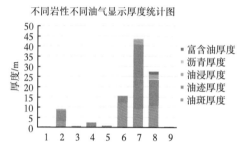

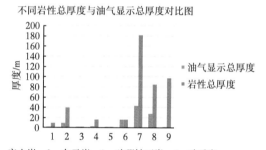

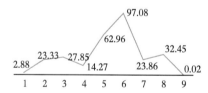

图 6-4-15　不同岩性不同油气显示厚度及其占比统计

由上图可知凝灰岩油气显示厚度占总厚度的比例最大，玄武岩最小，不同油气显示类型的厚度未发现明显的规律性，呈现一定的随机性，同时可见油气显示厚度占比高与油气显示厚度大并不存在一一对应关系（表 6-4-3、表 6-4-4），为更好地显示两者在油气预测中的贡献，按照（油气厚度占比占 30%+ 油气厚度归一化后百分比占 70%）×100 再进行归一化，以期更加真实地反映不同岩性的油气显示特征（表 6-4-5），并将不同岩性的油气贡献分为四类：泥岩、凝灰岩为 Ⅰ——最好（75%~100%）；砂岩、白云岩为 Ⅱ——较好（50%~75%）；石灰岩为 Ⅲ——一般（25%~50%）；硅硼钠石岩、燧石岩、玄武岩、安山岩为 Ⅳ——差（0~25%），该分级在玛页 1 井铁柱子上得到了很好的体现。

表 6-4-3　不同岩性油气显示厚度占该岩性总厚度的百分比统计表

类别	油气显示厚度占该岩性总厚度的百分比 /%	岩性
I	75~100	凝灰岩
II	50~75	石灰岩
III	25~50	硅硼钠石岩、砂岩
IV	0~25	安山岩、白云岩、燧石岩、泥岩、玄武岩

表 6-4-4　不同岩性油气显示厚度

类别	油气显示厚度 /m	岩性
I	33~44	泥岩
II	22~33	砂岩
III	11~22	凝灰岩
IV	0~11	白云岩、硅硼钠石岩、燧石岩、石灰岩、安山岩、玄武岩

表 6-4-5　不同岩性的油气贡献分级

油气贡献类别	（油气厚度占比占 30%+ 油气厚度归一化后百分比占 70%）×100 归一化	岩性
I——最好	75~100	泥岩、凝灰岩
II——较好	50~75	砂岩、白云岩
III——一般	25~50	灰岩
IV——差	0~25	硅硼钠石岩、燧石岩、安山岩、玄武岩

通过不同岩性的油气显示频数与最大厚度分析（图 6-4-16），可识别出以下特征：

（1）频数大、最大厚度小：泥岩；

（2）频数小、最大厚度大：凝灰岩；

（3）频数、最大厚度变化不大：玄武岩、安山岩、燧石岩、白云岩、硅硼钠石岩、石灰岩。

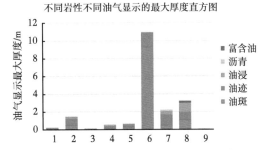

图 6-4-16　不同岩性不同油气显示频数及最大厚度统计直方图

油气贡献较大的岩性多属于类型 1 和类型 2，即频数与最大厚度存在负相关的类型（图 6-4-17）。

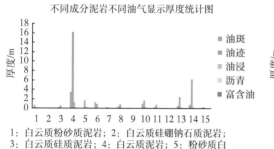

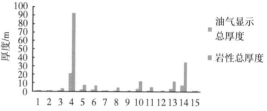

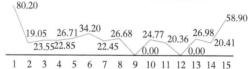

图 6-4-17　不同成分泥岩不同油气显示厚度及其占比统计

不同成分泥岩中白云质泥岩不同油气显示厚度均最大，其次为泥岩、灰质泥岩、硅质泥岩、粉砂质泥岩等，整体油斑、油迹和油浸较多，沥青和富含油较少，灰质硅质泥岩和硅质灰质泥岩没有油气显示；油气显示占总厚度百分比中，白云质粉砂质泥岩最大，其次为硅硼钠石白云质泥岩和粉砂质泥岩，存在油气显示的泥岩中白云质硅硼钠石质泥岩最小。不同油气显示类型的厚度呈现一定的随机性，可见油气显示厚度占比高与油气显示厚度大并不存在一一对应关系（表 6-4-6），为更好地显示两者在油气预测中的贡献，按照（油气厚度占比占 30%＋油气厚度归一化后百分比占 70%）×100 再进行归一化，以更加真实地反映不同岩性的油气显示特征（表 6-4-7、表 6-4-8），并将不同岩性的油气贡献分为四类：白云质泥岩为Ⅰ——最好（75%~100%）；粉砂质白云质泥岩、粉砂质泥岩、硅硼钠石化泥岩、硅质泥岩、灰质泥岩、泥岩、硅硼钠石白云质泥岩、白云质粉砂质泥岩为Ⅱ——中等（25%~75%）；白云质硅硼钠质泥岩、白云质硅质泥岩、硅硼钠石化泥岩、硅质白云质泥岩、硅质灰质泥岩、灰质白云质泥岩、灰质硅质泥岩为Ⅲ——差（0%~25%），该分级在玛页 1 井铁柱子和其他物性、脆性和敏感性上得到了很好的体现。

表 6-4-6 不同成分泥岩油气显示厚度占该岩性总厚度的百分比统计表

类别	油气显示厚度占该岩性总厚度的百分比 /%	岩性
I	75~100	白云质粉砂质泥岩
II	50~75	硅硼钠石白云质泥岩
III	25~50	粉砂质白云质泥岩、粉砂质泥岩、硅质白云质泥岩、灰质泥岩
IV	0~25	白云质硅硼钠石质泥岩、白云质硅质泥岩、白云质泥岩、硅硼钠石化泥岩、硅质灰质泥岩、硅质泥岩、灰质白云质泥岩、灰质硅质泥岩、泥岩

表 6-4-7 不同成分泥岩油气显示厚度

类别	油气显示厚度 /m	岩性
I	18~24	白云质泥岩
II	12~18	
III	6~12	较纯泥岩
IV	0~6	白云质粉砂质泥岩、白云质硅硼钠石质泥岩、白云质硅质泥岩、粉砂质白云质泥岩、粉砂质泥岩、硅硼钠石化泥岩、硅质白云质泥岩、硅质灰质泥岩、硅质泥岩、灰质白云质泥岩、灰质硅质泥岩、硅硼钠石白云质泥岩

表 6-4-8 不同成分泥岩的油气贡献分级

油气贡献类别	（油气厚度占比占 30%+ 油气厚度归一化后百分比占 70%）×100 归一化	岩性
I——最好	75~100	白云质泥岩
II——中等	25~75	粉砂质白云质泥岩、粉砂质泥岩、硅硼钠石化泥岩、硅质泥岩、灰质泥岩、泥岩、硅硼钠石白云质泥岩、白云质粉砂质泥岩
III——差	0~25	白云质硅硼钠石质泥岩、白云质硅质泥岩、硅硼钠石化泥岩、硅质白云质泥岩、硅质灰质泥岩、灰质白云质泥岩、灰质硅质泥岩

　　白云质泥岩油气显示总频数最大，各类油气显示出现频次最大，类型较全；其油迹出现频数最多，多数岩性油迹的出现频次较多；泥岩中沥青和富含油出现频次较少。不同成分泥岩不同油气显示的最大厚度图中，可见白云质泥岩的总油气显示厚度最大，油迹、油浸最大厚度最大，总油气显示最大厚度其次为硅质泥岩、泥岩，存在油气显示的最小为白云质硅硼钠石质泥岩（图 6-4-18）。

三、玛页 1 井岩石脆性特征

　　岩石脆性特征控制着岩石的裂缝发育程度和人工压裂造缝效率，主要由岩中的脆性矿物得以呈现，常见脆性矿物包括石英、长石类矿物（钾长石、斜长石、钠长石、微斜长石等）、方解石和白云石等。人们提出了脆性矿物指数来定量表征岩石的脆性特征，北美页岩储层采用 Brit=Q/（Q+Cal+Dol+Clay）来计算脆性矿物指数，其中 Brit 代表脆性矿物指数、Q 代表石英含量、Cal 代表方解石含量、Dol 代表白云石含量、Clay 代表黏土矿物含量。在我国南方，根据实际地质特征，人们采用 Brit=（Q+Feld+Cal+Dol）/（Q+Feld+Cal+Dol+Clay）来计算脆性矿物指数，其中 Brit 代表脆性矿物指数、Q 代表石英含量、Feld 代表长石含量、Cal 代表方解石含量、Dol 代表白云石含量、Clay 代表黏土矿物含量。

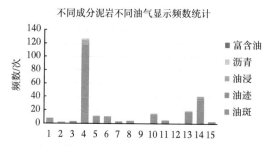

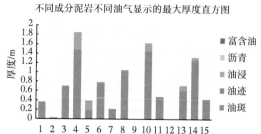

1：白云质粉砂质泥岩；2：白云质硅硼钠石质泥岩；
3：白云质硅质泥岩；4：白云质泥岩；5：粉砂质白
云质泥岩；6：粉砂质泥岩；7：硅硼钠石化泥岩；
8：硅质白云质泥岩；9：硅质灰质泥岩；10：硅质
泥岩；11：灰质白云质泥岩；12：灰质硅质泥岩；
13：灰质泥岩；14：泥岩；15：硅硼钠石化白云质
泥岩

1：白云质粉砂质泥岩；2：白云质硅硼钠石质泥岩；
3：白云质硅质泥岩；4：白云质泥岩；5：粉砂质白
云质泥岩；6：粉砂质泥岩；7：硅硼钠石化泥岩；
8：硅质白云质泥岩；9：硅质灰质泥岩；10：硅质
泥岩；11：灰质白云质泥岩；12：灰质硅质泥岩；
13：灰质泥岩；14：泥岩；15：硅硼钠石化白云质
泥岩

图 6-4-18　不同成分泥岩不同油气显示频数及最大厚度统计直方图

对玛页 1 井已有研究层段的全岩 XRD 矿物分析数据，分别采用公式（1）:Brit=（Q+Feld+Cal+Dol）/（Q+Feld+Cal+Dol+Clay）和公式（2）Brit=（Q+Cal）/（Q+Feld+Cal+Dol+Clay）计算脆性矿物指数。由公式（1）计算得到的数值普遍较低，垂向区分度较小；由公式（2）计算得到的数值适中，区分度较高（图 6-4-17），故采用公式（2）计算玛页 1 井的脆性矿物指数。从计算成果图件中可见，玛页 1 井研究层段内存在 4625~4667m、4690~4704m、4715~4734m、4745~4758m、4765~4782m、4808~4871m、4893~4907m 等七个有利脆性层段，这些脆性层段与统计的裂缝发育段存在着很好的吻合关系，便于后期储层压裂（图 6-4-19）。

为查明不同岩性脆性矿物指数与油气显示之间的关系，对玛页 1 井各岩性及不同成分泥岩进行岩性—脆性矿物指数—含油性关系统计分析。油斑脆性矿物指数最大值最大的为泥岩，其次为白云岩、灰岩、燧石岩和凝灰岩，玄武岩最小；油迹脆性矿物指数最大值最大的为泥岩；油浸脆性矿物指数最大值最大的为泥岩，其次为燧石岩，最小为砂岩。不同成分泥岩中，油斑脆性矿物指数最大值最大的为灰质白云质泥岩，泥岩、白云质泥岩次之，粉砂质泥岩最小；油迹脆性矿物指数最大值最大的为硅质泥岩，白云质泥岩次之，灰质泥岩最小；油浸脆性矿物指数最大值最大的为灰质泥岩，其次为硅质泥岩和白云质泥岩，粉砂质白云质泥岩最小（图 6-4-20）。

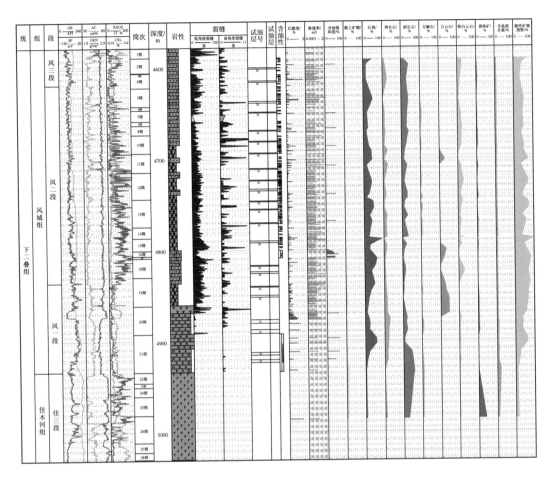

图 6-4-19 玛页 1 井脆性矿物指数垂向分布特征

不同岩性不同油气显示对应的脆性矿物指数最大值直方图　　不同组分泥岩不同油气显示对应的脆性矿物指数最大值直方图

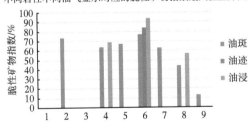

1：安山岩；2：白云岩；3：硅硼钠石岩；4：硅质岩；
5：石灰岩；6：泥岩；7：凝灰岩；8：砂岩；9：玄武岩

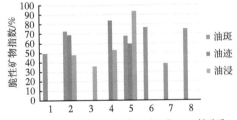

1：白云质粉砂岩泥岩；2：白云质泥岩；3：粉砂质
白云质泥岩；4：硅质泥岩；5：灰质泥岩；
6：灰质白云质泥岩；7：粉砂质泥岩；8：泥岩

图 6-4-20 玛页 1 井不同岩性及不同成分泥岩不同油气显示对应的脆性矿物指数最大值统计直方图

　　油斑脆性矿物指数最小值最大的为石灰岩，其次为燧石岩和凝灰岩，砂岩最小；油迹脆性矿物指数最小值最大的为泥岩；油浸脆性矿物指数最小值最大的为燧石岩，其次为泥岩，最小为砂岩。不同成分泥岩中，油斑脆性矿物指数最小值最大的为灰质白云质泥岩，泥岩次之，粉砂质泥岩最小；油迹脆性矿物指数最小值最大的为硅质泥岩，白云质泥岩次之，灰质泥岩最小；油浸脆性矿物指数最小值最大的为灰质泥岩，其次为硅质泥岩和白云质泥岩，粉砂质白云质泥岩最小（图6-4-21）。

不同岩性不同油气显示对应的脆性矿物指数最小值直方图

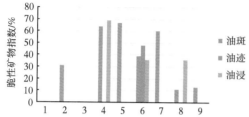

不同组分泥岩不同油气显示对应的脆性矿物指数最小值直方图

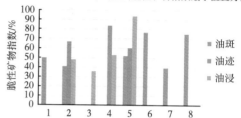

1：安山岩；2：白云岩；3：硅硼钠石岩；4：硅质岩；
5：石灰岩；6：泥岩；7：凝灰岩；8：砂岩；9：玄武岩

1：白云质粉砂岩泥岩；2：白云质泥岩；3：粉砂质
白云质泥岩；4：硅质泥岩；5：灰质泥岩；
6：灰质白云质泥岩；7：粉砂质泥岩；8：泥岩

图6-4-21　玛页1井不同岩性及不同成分泥岩不同油气显示对应的脆性矿物指数最小值统计直方图

油斑脆性矿物指数平均值最大的为灰岩，其次为燧石岩和凝灰岩，玄武岩最小；油迹脆性矿物指数平均值最大的为泥岩；油浸脆性矿物指数平均值最大的为燧石岩，其次为泥岩，最小为砂岩。不同成分泥岩中，油斑脆性矿物指数平均值最大的为灰质白云质泥岩，泥岩次之，粉砂质泥岩最小；油迹脆性矿物指数平均值最大的为硅质泥岩，白云质泥岩次之，灰质泥岩最小；油浸脆性矿物指数平均值最大的为灰质泥岩，其次为硅质泥岩和白云质泥岩，粉砂质白云质泥岩最小（图6-4-22）。

不同岩性不同油气显示对应的脆性矿物指数平均值直方图

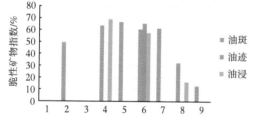

不同组分泥岩不同油气显示对应的脆性矿物指数平均值直方图

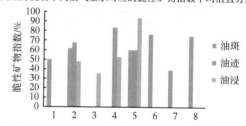

1：安山岩；2：白云岩；3：硅硼钠石岩；4：硅质岩；
5：石灰岩；6：泥岩；7：凝灰岩；8：砂岩；9：玄武岩

1：白云质粉砂岩泥岩；2：白云质泥岩；3：粉砂质
白云质泥岩；4：硅质泥岩；5：灰质泥岩；
6：灰质白云质泥岩；7：粉砂质泥岩；8：泥岩

图6-4-22　玛页1井不同岩性及不同成分泥岩不同油气显示对应的脆性矿物指数平均值统计直方图

不同岩性脆性矿物指数最大值最大的为泥岩，其次为白云岩、燧石岩、石灰岩、凝灰岩和砂岩，玄武岩最小；不同岩性脆性矿物指数最小值最大的为石灰岩，其次为燧石岩和凝灰岩，玄武岩和砂岩最小（图6-4-23）。不同成分泥岩中脆性矿物指数最大值最大的为灰质泥岩，硅质泥岩次之，粉砂质白云质泥岩最小；脆性矿物指数最小值最大的为灰质白云质泥岩，其次为泥岩，最小的为粉砂质白云质泥岩；脆性矿物指数平均值最大的灰质白云质泥岩，其次为泥岩，粉砂质白云质泥岩最小。

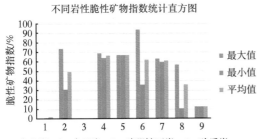

不同岩性脆性矿物指数统计直方图

1：安山岩；2：白云岩；3：硅硼钠石岩；4：硅质岩；
5：石灰岩；6：泥岩；7：凝灰岩；8：砂岩；9：玄武岩

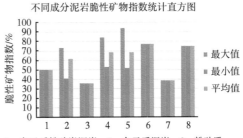

不同成分泥岩脆性矿物指数统计直方图

1：白云质粉砂岩泥岩；2：白云质泥岩；3：粉砂质
　　白云质泥岩；4：硅质泥岩；5：灰质泥岩；
6：灰质白云质泥岩；7：粉砂质泥岩；8：泥岩

图 6-4-23　玛页 1 井不同岩性及不同成分泥岩脆性矿物指数统计直方图

四、玛页 1 井敏感性特征

广义的储层敏感性指油气储层与外来流体发生各种物理化学作用而使储层结构和渗透性发生变化的性质，狭义的储层敏感性指储层与不匹配外来流体作用后，渗透性变差，从而导致产能下降，对各类储层损害的敏感程度为储层的敏感性。储层的敏感性受控于自身物质组成与外来流体性质、成分等，其中自身物质组成主要受控于储层的矿物物质及其空间结构。常见外来流体有酸性、碱性、（含盐）高矿化度、低矿化度、速度流体等，常见敏感性包括酸敏、碱敏、盐敏、水敏和速敏等。

根据含铁较高的一类矿物（比如铁白云石、黄铁矿、绿泥石等）对盐酸敏感，含钙高的矿物（如方解石、白云石、钙长石等）对氢氟酸敏感等现象，采用酸敏矿物指数 Acid=（Ank+Py+ Chl+Cal+Dol）/100（其中 Acid 代表酸敏指数，Ank 代表铁白云石，Py 代表黄铁矿，Chl 代表绿泥石，Cal 代表方解石，Dol 代表白云石）表征酸敏的可能性。根据黏土矿物在碱敏和盐敏过程中的作用，用黏土矿物的含量来代表碱敏、盐敏矿物指数，表征碱敏、盐敏特征。根据不同黏土矿物对低矿化度水的敏感性差异，将除去高岭石的黏土矿物含量来表示水敏矿物指数。根据速敏矿物多为粒度较小的矿物，将采用高岭石、伊利石和非晶质含量总和以表征速敏矿物指数。根据上述计算方法，分别计算出了玛页 1 井的酸敏、碱敏、盐敏、水敏和速敏矿物指数。根据计算的成果图件，识别出了 4591~4626m、4641~4687m、4698~4730m、4742~4759m、4766~4786m、4792~4810m、4821~4833m、4842~4871m、4944~4982m 等 9 个弱的酸敏带，4924~4984m 1 个酸敏、碱敏、盐敏和速敏复合敏感带。其他深度段的碱敏、盐敏和速敏特征不明显（图 6-4-24）。

不同岩性酸敏矿物指数统计结果显示，酸敏矿物指数最大值最大的为泥岩，其次为玄武岩、石灰岩、白云岩、凝灰岩，燧石岩最小；酸敏矿物指数最小值最大的为玄武岩，灰岩次之，泥岩最小；酸敏矿物指数平均值最大的为玄武岩，其次为石灰岩，最小为燧石岩。不同成分泥岩酸敏矿物指数统计图显示，酸敏矿物指数最大值最大的为白云质泥岩，其次为灰质泥岩，粉砂质泥岩最小；酸敏矿物指数最小值最大的为白云质粉砂质泥岩，其次为粉砂质白云质泥岩，最小的为灰质泥岩；酸敏矿物指数平均值最大的为白云质粉砂质泥岩，灰质泥岩和白云质泥岩次之，硅质泥岩最小（图 6-4-24）。

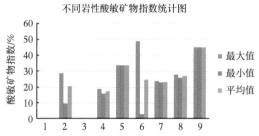

1：安山岩；2：白云岩；3：硅硼钠石岩；4：硅质岩；
5：石灰岩；6：泥岩；7：凝灰岩；8：砂岩；9：玄武岩

1：白云质粉砂岩泥岩；2：白云质泥岩；3：粉砂质
白云质泥岩；4：硅质泥岩；5：灰质泥岩；
6：灰质白云质泥岩；7：粉砂质泥岩；8：泥岩

图 6-4-24　玛页 1 井不同岩性及不同成分泥岩酸敏矿物指数统计直方图

不同岩性碱敏、盐敏矿物指数统计结果显示，碱敏、盐敏矿物指数最大值最大的为砂岩，其次为泥岩，凝灰岩最小；碱敏、盐敏矿物指数最小值最大的为玄武岩，燧石岩、石灰岩次之，泥岩最小；碱敏、盐敏矿物指数平均值最大的为玄武岩，其次为砂岩，最小为凝灰岩。不同成分泥岩碱敏、盐敏矿物指数统计图显示，碱敏、盐敏矿物指数最大值最大的为白云质泥岩，其次为泥岩，粉砂质泥岩、硅质泥岩、粉砂质白云质泥岩最小；碱敏、盐敏矿物指数最小值最大的为灰质白云质泥岩，其次为白云质泥岩，最小的为泥岩、粉砂质泥岩、硅质泥岩、粉砂质白云质泥岩；碱敏、盐敏矿物指数平均值最大的为灰质泥岩和白云质泥岩，灰质白云质泥岩次之，泥岩、粉砂质泥岩、硅质泥岩、粉砂质白云质泥岩最小（图 6-4-25）。

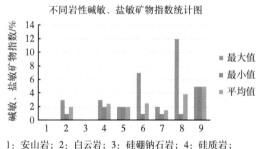

1：安山岩；2：白云岩；3：硅硼钠石岩；4：硅质岩；
5：石灰岩；6：泥岩；7：凝灰岩；8：砂岩；9：玄武岩

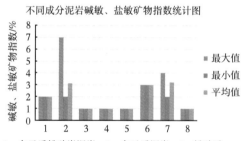

1：白云质粉砂岩泥岩；2：白云质泥岩；3：粉砂质
白云质泥岩；4：硅质泥岩；5：灰质泥岩；
6：灰质白云质泥岩；7：粉砂质泥岩；8：泥岩

图 6-4-25　玛页 1 井不同岩性及不同成分泥岩碱敏、盐敏矿物指数统计直方图

不同岩性水敏矿物指数统计结果显示，水敏矿物指数最大值最大的为砂岩，其次为泥岩，凝灰岩最小；水敏矿物指数最小值最大的为玄武岩，燧石岩、石灰岩次之，泥岩最小；水敏矿物指数平均值最大的为玄武岩，其次为砂岩，凝灰岩最小。不同成分泥岩水敏矿物指数统计图显示，水敏矿物指数最大值最大的为白云质泥岩，其次为灰质泥岩，粉砂质泥岩、硅质泥岩、粉砂质白云质泥岩和泥岩最小；水敏矿物指数最小值最大的为灰质白云质泥岩，其次为灰质泥岩，最小的为粉砂质泥岩、硅质泥岩、粉砂质白云质泥岩和泥岩；水敏矿物指数平均值最大的为灰质泥岩和白云质泥岩，灰质白云质泥岩次之，泥岩、

粉砂质泥岩、硅质泥岩、粉砂质白云质泥岩最小（图6-4-26）。

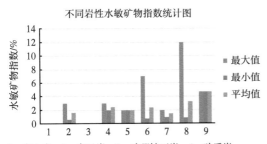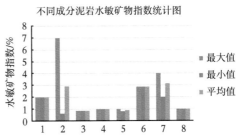

图6-4-26　玛页1井不同岩性及不同成分泥岩水敏矿物指数统计直方图

　　不同岩性速敏矿物指数统计结果显示，速敏矿物指数最大值最大的为砂岩，其次为泥岩，凝灰岩最小；速敏矿物指数最小值最大的为石灰岩，凝灰岩、白云岩、玄武岩次之，泥岩最小；速敏矿物指数平均值最大的为砂岩，其次为泥岩和灰岩，燧石岩最小。不同成分泥岩速敏矿物指数统计图显示，速敏矿物指数最大值最大的为灰质泥岩，其次为白云质泥岩，白云质粉砂质泥岩和灰质白云质泥岩最小；速敏矿物指数最小值最大的为粉砂质泥岩，其次为泥岩和粉砂质白云质泥岩，最小的为灰质泥岩；速敏矿物指数平均值最大的为粉砂质泥岩，灰质白云质泥岩和白云质次之，白云质粉砂质泥岩最小（图6-4-27）。

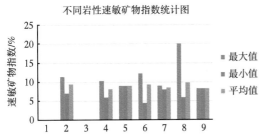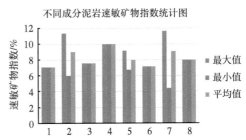

图6-4-27　玛页1井不同岩性及不同成分泥岩速敏矿物指数统计直方图

五、玛页1井电性特征

　　通过横纵向对比分析，查明同一岩性的不同类型的测井曲线响应特征，总结其岩电关系和识别标志，分析不同岩性裂缝与油气的发育程度。

　　玛页1井单层泥岩中不同成分的混入和多类型泥岩纵向上叠置、交互、韵律出现，导致了更为多样的电性面貌和更为复杂的物性和含油性特征（表6-4-9）。

表 6-4-9 玛页 1 井常见岩性、电性、物性、含油性裂缝特征

岩性			泥岩	砂岩	石灰岩	白云岩	燧石岩	硅硼钠石岩	安山岩	凝灰岩	玄武岩
电性	自然伽马	数值	中—高	中—低	中—低	中—低	中—低	中	低—高	中—高	中—高
		幅值	中—高幅	中—低幅	中—低幅	低幅	低幅	低幅	中幅	低幅	中幅
		形态	箱形、钟形、漏斗形、波形等及其复合	箱形、钟形及其复合	箱形、漏斗形、钟形等及其复合	箱形—钟形复合	箱形—波形复合	波形、箱形及其复合	箱形—钟形—微齿形复合	箱形—钟形—漏斗形复合	箱形—漏斗形—钟形复合
	自然电位	数值	中—低	中—高	中	中	中	中	中	中	中
		幅值	中—低幅	低幅	低幅	低幅	低幅	低幅	低幅	低幅	低幅
		形态	箱形、钟形、漏斗形、波形等及其复合	箱形	箱形	波形	箱形	箱形	箱形	箱形	平缓波形
	声波时差	数值	中—低	中—低	中	低	低	中—低	低	中	低—高
		幅值	中—低幅	低幅	低幅	低幅	中—低幅	中—低幅	中—高幅	中—低幅	中—低幅
		形态	箱形、钟形、漏斗形、波形等及其复合	箱形	钟形、箱形等及其复合	箱形等	漏斗形—箱形复合	钟形—漏斗形—箱形复合	漏斗形—箱形复合	钟形—箱形复合	钟形—箱形复合
	密度	数值	高	高	中—高	高	高	高	高	高	高
		幅值	中—低幅	低幅	中—低幅	低幅	低幅	低幅	低幅	中—低幅	中—低幅
		形态	箱形、钟形、漏斗形、波形等及其复合	箱形	波形、箱形、微钟形、漏斗形等及其复合	箱形	箱形	箱形	箱形—微齿形	箱形—钟形复合	箱形—钟形—漏斗形复合
	电阻率	数值	低—高	中—低	低	中—低	高—中	中—低	低	低—中	低—高
		幅值	低—高幅	中—低幅	低幅	低幅	中—高幅	中—高幅	中—高幅	中幅	低—高幅
		形态	箱形、钟形、漏斗形、齿形、波形等及其复合	箱形、波形、漏斗形、钟形等	箱形、钟形等及其复合	波形—箱形—钟形复合	钟形—缓箱—漏斗形复合	箱形—钟形复合	箱形—齿形—漏斗形复合	箱形—锯齿形复合	箱形—漏斗形—锯齿形复合
	中子密度	数值	低—高	中—高	中	低	中—低	中	低—高	低	中—低
		幅值	中—低幅	中—低幅	低幅	低幅	低幅	低幅	中幅	中幅	中—低幅
		形态	箱形、钟形、漏斗形、波形等及其复合	波形	箱形	箱形、波形等及其复合	箱形	箱形	漏斗形—箱形	箱形—钟形	箱形—钟形—漏斗形复合
物性	孔隙度		中孔—特低孔	低孔—高孔	低孔	低孔	低孔	低孔	中孔—低孔	中孔	高孔
	渗透率		低—特低渗	中—特低渗	低渗	低渗	低渗	低渗	低渗	中—低渗	中—低渗
含油性			油迹、油斑、油浸、沥青	油斑、油迹、油浸富含油	油迹、油斑	油斑、油迹、油浸	油斑、油迹、油浸、沥青	油迹	油迹	油斑、油迹	油迹
裂缝			低角度缝、高角度缝	低角度缝、高角度缝	低角度缝、高角度缝	低角度缝、高角度缝	低角度缝、高角度缝	低角度缝、高角度缝	低角度缝、高角度缝	裂缝不发育	裂缝不发育

1. 泥岩

灰质泥岩具有中高伽马中幅钟形—漏斗形复合、中自然电位低幅箱形、中声波时差中—高幅钟形、高密度中—低幅箱形、中低电阻率中高幅钟形—漏斗形复合、中中子密度中幅箱形—钟形复合测井响应特征。声波时差、密度、电阻率和中子密度曲线呈指状处发育裂缝和油气显示；低角度缝和高度缝都有发育，频数都不高；低孔中渗特征（图6-4-28）。

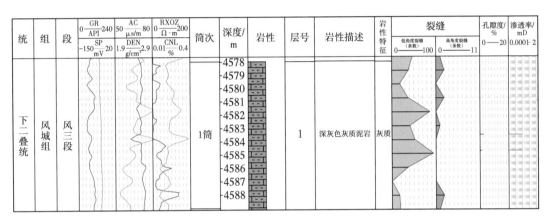

图6-4-28 玛页1井灰质泥岩（4578~4588m）岩性、电性、裂缝、含油性、物性特征

粉砂质泥岩具有中低伽马中低幅箱形和钟形复合、中自然电位低幅箱形、中—低声波时差低幅箱形、高密度低幅箱形、中高电阻率中—低幅箱形、中—低中子密度中低幅箱形测井响应特征。声波时差、密度、电阻率和中子密度曲线呈指状处发育裂缝和油气显示特征，具有孔隙与裂缝双重介质特征。高角度和低角度裂缝都很发育；同时发育高孔高渗、低孔高渗特征（图6-4-29）。

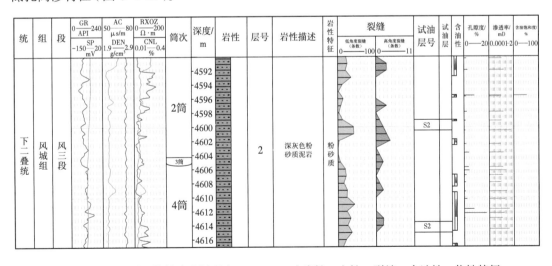

图6-4-29 玛页1井粉砂质泥岩（4592~4616m）岩性、电性、裂缝、含油性、物性特征

白云质泥岩具有中低伽马中低幅箱形和钟形、中自然电位低幅箱形、中—低声波时差中幅钟形、高密度中低幅钟形—漏斗形复合、高—低电阻率中—高幅箱形—齿形复合、低中子密度中低幅钟形—漏斗形复合测井响应特征。声波时差、密度、电阻率和中子密度曲

线突变处发育裂缝和油气显示特征；低角度裂缝较为发育，高角度裂缝不发育；具有中孔中渗、低孔高渗特征（图6-4-30）。

统	组	段	GR 0—240 API / SP -150—20 mV	AC 50—80 μs/m / DEN 1.9—2.9 g/cm³	RXOZ 0—200 Ω·m / CNL 0.01—0.4 %	筒次	深度/m	岩性	层号	岩性描述	岩性特征	裂缝 低角度裂缝（条数）0—100	裂缝 高角度裂缝（条数）0—11	含油性 0—20	孔隙度/% 0—20	渗透率/mD 0.0001—2
下二叠统	风城组	风二段				5筒	4628 4630 4632 4634		3	深灰色白云质泥岩	白云质					

图6-4-30　玛页1井白云质泥岩（4628~4634m）岩性、电性、裂缝、含油性、物性特征

硅质粉砂质泥岩具有中高伽马箱形—漏斗复合、中自然电位箱形、低声波时差箱形、高密度箱形—微锯齿形、低—高电阻率箱形—锯齿形复合、低中子密度平缓箱形测井响应特征。高电阻率、低伽马、高声波时差、低密度处发育裂缝；低角度较为发育和高角度裂缝相对不太发育；未见油气显示（图6-4-31）。

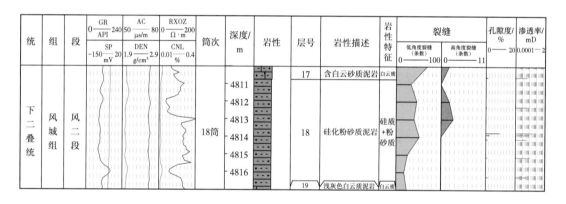

统	组	段	GR 0—240 API / SP -150—20 mV	AC 50—80 μs/m / DEN 1.9—2.9 g/cm³	RXOZ 0—200 Ω·m / CNL 0.01—0.4 %	筒次	深度/m	岩性	层号	岩性描述	岩性特征	裂缝 低角度裂缝（条数）0—100	裂缝 高角度裂缝（条数）0—11	孔隙度/% 0—20	渗透率/mD 0.0001—2
下二叠统	风城组	风二段				18筒	4811 4812 4813 4814 4815 4816		17	含白云质砂质泥岩	白云质				
									18	硅化粉砂质泥岩	硅质+粉砂质				
									19	浅灰色白云质泥岩	白云质				

图6-4-31　玛页1井硅质粉砂质泥岩（4811~4816m）岩性、电性、裂缝、含油性、物性特征

白云质粉砂质泥岩具低伽马钟形、低自然电位波形、低声波时差漏斗形、高缓密度箱形、高电阻率漏斗—箱形复合、低中子密度缓箱形测井响应特征。高伽马、低声波时差、高电阻率、低密度处发育低角度裂缝和高角度裂缝，且自上而下低角度裂缝条数减少，高角度裂缝条数减少，可见油气显示（图6-4-32）。

白云质硅硼钠石质泥岩厚度较小，不具完整的测井曲线形态特征，仅位于某个测井曲线形态的局部。具有中低伽马漏斗形、中自然电位平缓波形、中声波时差缓钟形、高密度缓波形、低电阻率钟形—箱形复合、高中子密度漏斗形等测井响应特征。主要发育低角度裂缝，高角度裂缝不发育，且低角度裂缝数量自上而下呈下降趋势，可见油气显示（图6-4-33）。

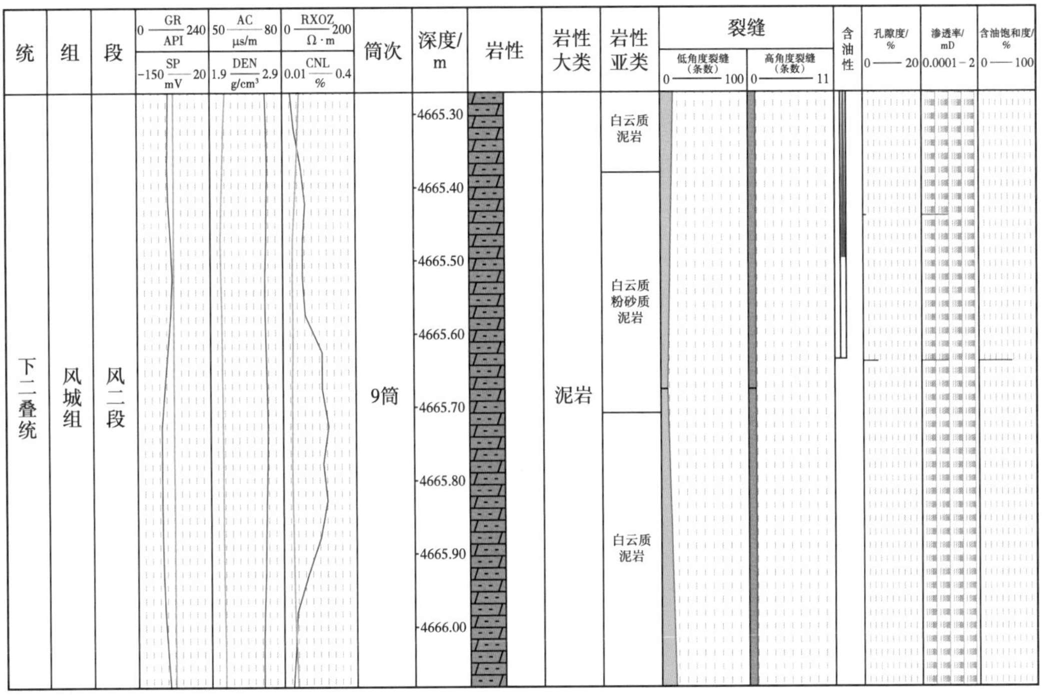
统
组
段
GR 0 240 API
SP -150 20 mV
AC 50 80 μs/m
DEN 1.9 2.9 g/cm³
RXOZ 0 200 Ω·m
CNL 0.01 0.4 %
筒次
深度/m
岩性
岩性大类
岩性亚类
裂缝
低角度裂缝（条数）0 100
高角度裂缝（条数）0 11
含油性
孔隙度/% 0 20
渗透率/mD 0.0001 2
含油饱和度/% 0 100
下二叠统
风城组
风二段
9筒
4665.30
4665.40
4665.50
4665.60
4665.70
4665.80
4665.90
4666.00
泥岩
白云质泥岩
白云质粉砂质泥岩
白云质泥岩

图 6-4-32　玛页 1 井白云质粉砂质泥岩（4665.3~4666m）岩性、电性、裂缝、含油性、物性特征

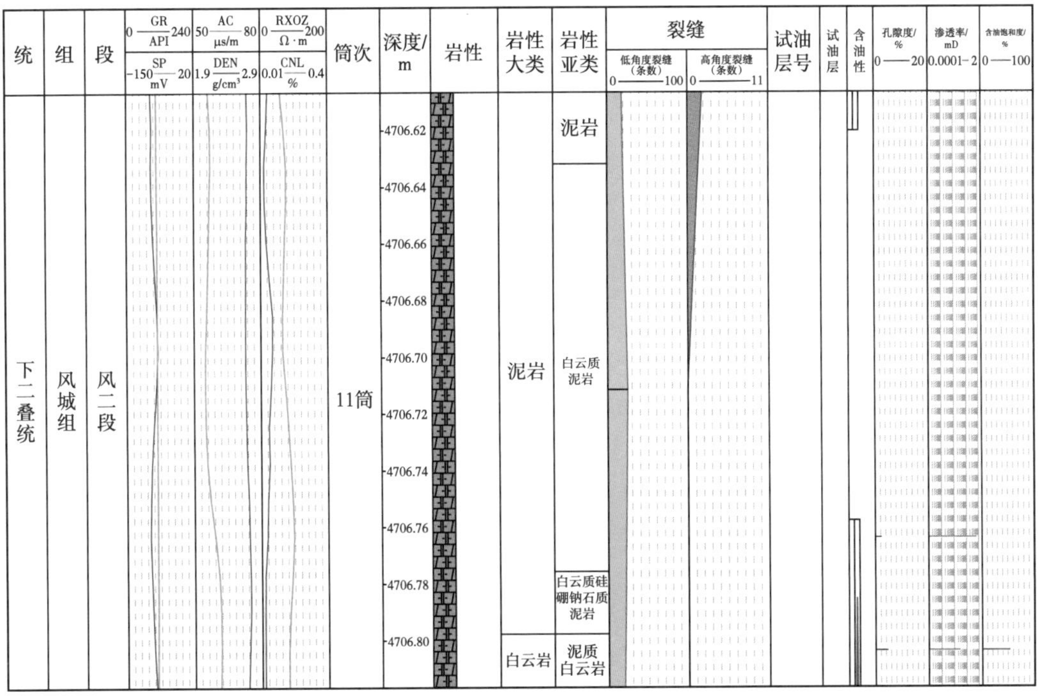
统
组
段
GR 0 240 API
SP -150 20 mV
AC 50 80 μs/m
DEN 1.9 2.9 g/cm³
RXOZ 0 200 Ω·m
CNL 0.01 0.4 %
筒次
深度/m
岩性
岩性大类
岩性亚类
裂缝
低角度裂缝（条数）0 100
高角度裂缝（条数）0 11
试油层号
试油层
含油性
孔隙度/% 0 20
渗透率/mD 0.0001 2
含油饱和度/% 0 100
下二叠统
风城组
风二段
11筒
4706.62
4706.64
4706.66
4706.68
4706.70
4706.72
4706.74
4706.76
4706.78
4706.80
泥岩
白云岩
泥岩
白云质泥岩
白云质硅硼钠石质泥岩
泥质白云岩

图 6-4-33　玛页 1 井白云质硅硼钠石质泥岩（4706.62~4706.80m）岩性、电性、裂缝、含油性、物性特征

白云质硅质泥岩具中伽马漏斗形—钟形复合、中低自然电位缓波形、低声波时差钟形—箱形复合、高密度缓箱形、低电阻率漏斗形—钟形复合等过渡测井曲线相应特征，记录了岩电关系的转换过程。在中伽马漏斗形—钟形复合、低声波时差钟形—箱形复合、低电阻率漏斗形—钟形复合处可见垂向上低角度裂缝数量先减少后增加和高角度裂缝的先增加后减少特征，且该转换处渗透率相对较高。电阻率较低，无油气显示（图6-4-34）。

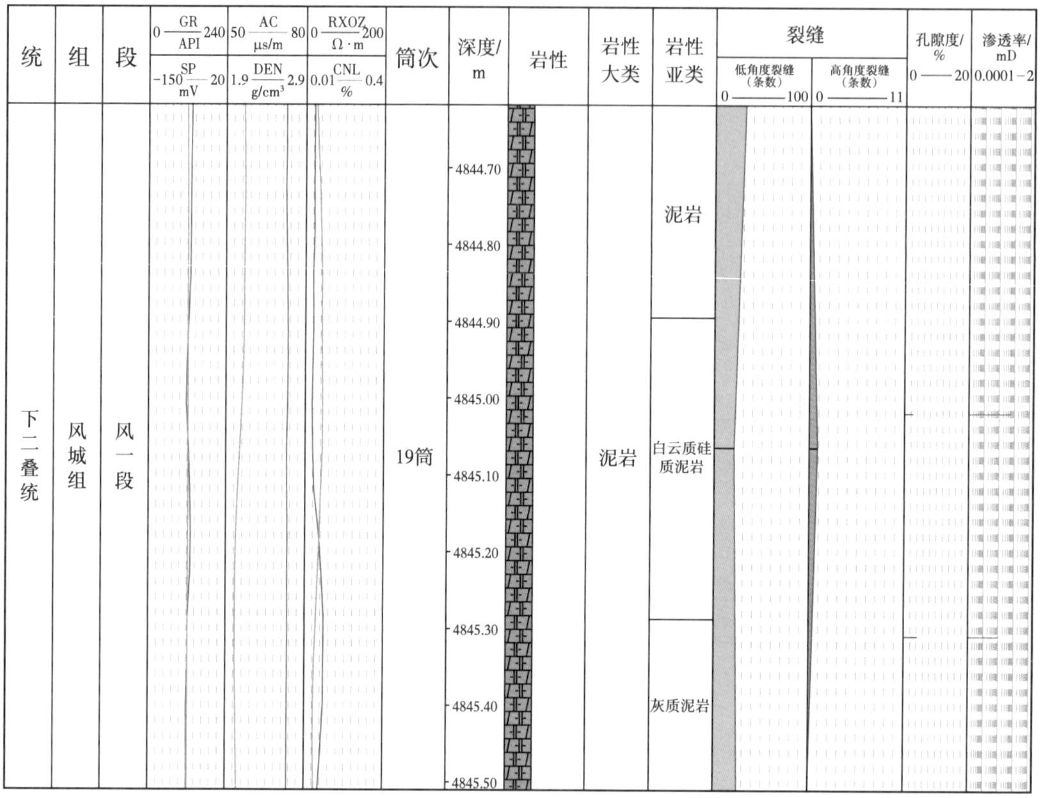

图6-4-34　玛页1井白云质硅质泥岩（4844.62~4845.5m）岩性、电性、裂缝、含油性、物性特征

粉砂质白云质泥岩厚度相对较大，呈现中伽马缓波形—箱形复合、中自然电位缓箱形、低声波时差漏斗形—箱形—钟形复合、高密度波形—缓箱形复合、高—低钟形—漏斗形—箱形复合、低中子密度缓箱形—漏斗形复合等测井响应特征。不同测井曲线变换与复合处也记录了低角度裂缝和高角度裂缝数量增减的变化，且低角度裂缝和高角度裂缝数量呈此消彼长的关系。裂缝发育，使该岩性的物性得以改善，渗透率有所增加，裂缝发育处可见油气显示（图6-4-35）。

硅硼钠石白云质泥岩中低伽马波形、中高自然电位缓波形、低声波时差缓波形、高密度缓箱形、低电阻率缓波形、中中子密度漏斗形—钟形复合等电性特征。在高伽马波峰处可见低角度裂缝和高角度裂缝数量同时增加的现象，孔隙度改善有限、渗透率相对增加，其上开始发育油气显示（图6-4-36）。

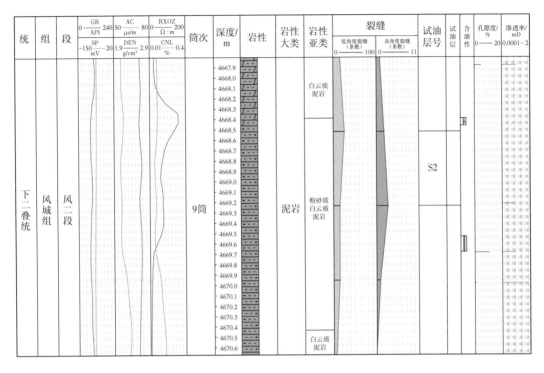

图 6-4-35　玛页 1 井粉砂质白云质泥岩（4667.9~4670.6m）岩性、电性、裂缝、含油性、物性特征

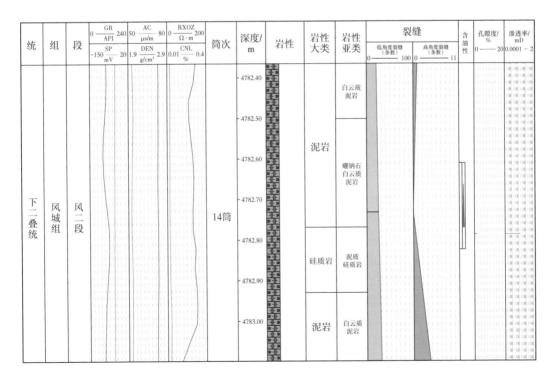

图 6-4-36　玛页 1 井硅硼钠石白云质泥岩（4782.4~4783m）岩性、电性、裂缝、含油性、物性特征

硅硼钠石化泥岩具中自然伽马波形、中高自然电位缓箱形、低声波时差缓箱形、高密度缓波形、低—高电阻率箱形—漏斗形—钟形复合、低中子密度缓箱形—漏斗形复合等电性特征。在电阻率由箱形向漏斗形过渡处，可见低角度裂缝数量先增加后减少的变化趋势，高角度裂缝不发育，过渡处以上可见油气显示（图6-4-37）。

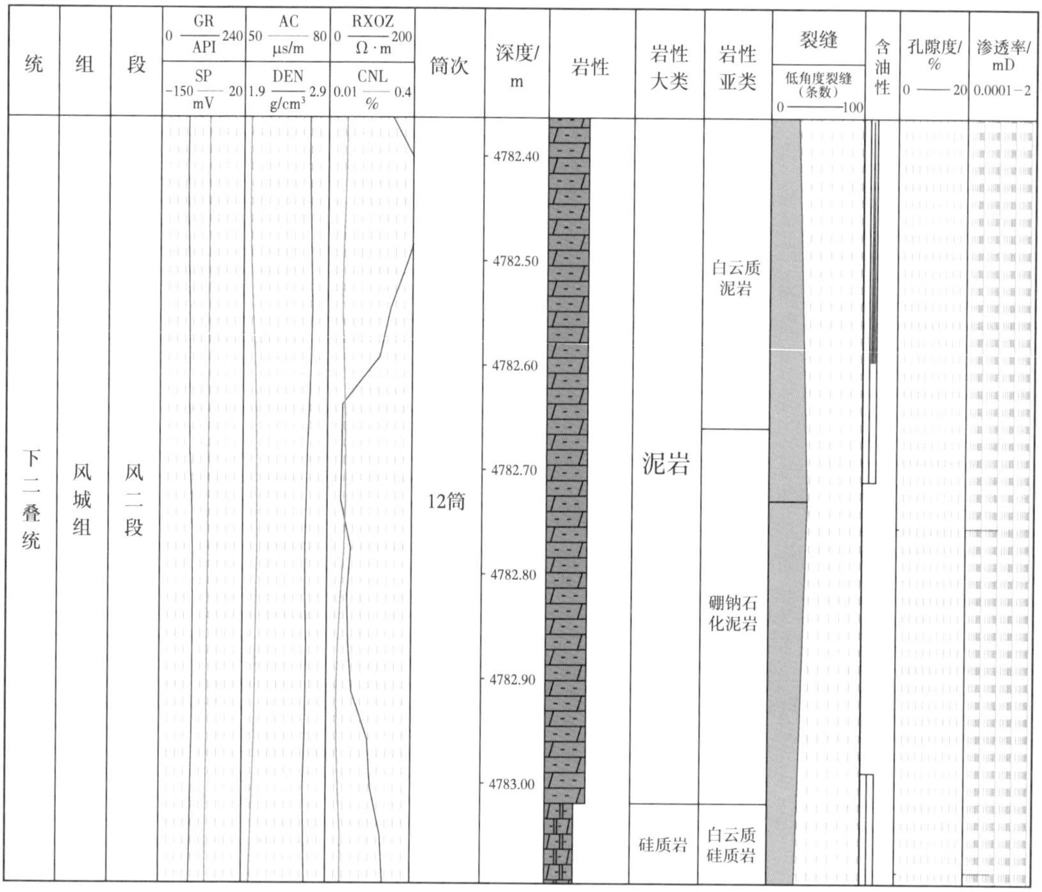

统	组	段	GR 0—API—240 / SP -150—mV—20	AC 50—μs/m—80 / DEN 1.9—g/cm³—2.9	RXOZ 0—Ω·m—200 / CNL 0.01—%—0.4	筒次	深度/m	岩性	岩性大类	岩性亚类	裂缝 低角度裂缝（条数） 0——100	含油性	孔隙度/% 0——20	渗透率/mD 0.0001—2
下二叠统	风城组	风二段				12筒	4782.40 4782.50 4782.60 4782.70 4782.80 4782.90 4783.00		泥岩	白云质泥岩 硼钠石化泥岩				
									硅质岩	白云质硅质岩				

图6-4-37　玛页1井硅硼钠石化泥岩（4782.40~4783m）岩性、电性、裂缝、含油性、物性特征

硅质白云质泥岩厚度相对较大，具有中低自然伽马缓漏斗形—箱形复合、中自然电位缓箱形复合、低中声波时差缓箱形—钟形复合、高密度缓漏斗形、中低电阻率钟形—漏斗形复合、低中子密度漏斗形—钟形复合等电性特征。在各测井曲线不同形态复合处可见低角度裂缝数量先增加后减少、高角度裂缝先快速减少后缓慢减少的变化趋势。未见油气显示。高角度裂缝发育处，物性有所改善（图6-4-38）。

硅质灰质泥岩具有中高自然伽马钟形、中自然电位缓箱形、中低声波时差波形、高密度缓箱形—波形复合、低电阻缓波形—箱形—钟形复合、低中子密度缓波形等电性特征。在自然伽马钟形峰值、声波时差波谷和电阻率箱形—钟形复合处，可见高密度裂缝数量先增加后减少的变化趋势、低角度裂缝逐渐减少。未见油气显示（图6-4-39）。

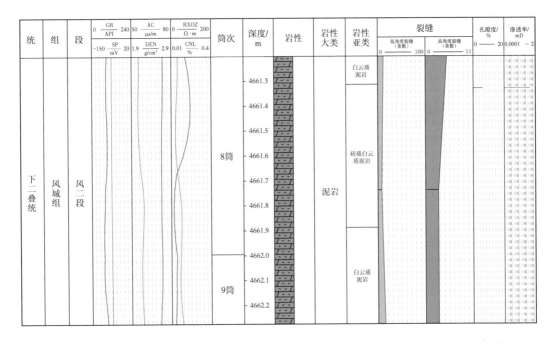

图 6-4-38　玛页 1 井硅质白云质泥岩（4661.3~4662.2m）岩性、电性、裂缝、含油性、物性特征

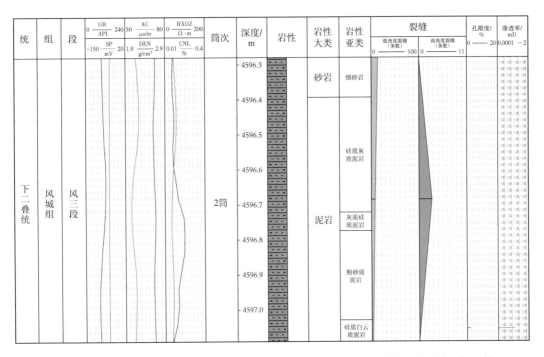

图 6-4-39　玛页 1 井硅质灰质泥岩（4596.3~4597m）岩性、电性、裂缝、含油性、物性特征

硅质泥岩厚度较大，具有中高自然伽马漏斗形—缓箱形、中高自然电位缓箱形、中低声波时差缓箱形—波形复合、高密度缓波形—箱形复合、中高电阻率多级箱形—钟形复合、低中子密度缓箱形—波形复合等电性特征。该岩性同时发育低角度和高角度裂缝，在

各曲线不同形态复合处可见低角度裂缝数量先减少后增加再减少和高角度裂缝数量先增加后减少的变化趋势，裂缝对物性的作用是建设性的，虽然孔隙度与其他成分泥岩类型相差不大，但渗透率有所增加，可见油气显示（图6-4-40）。

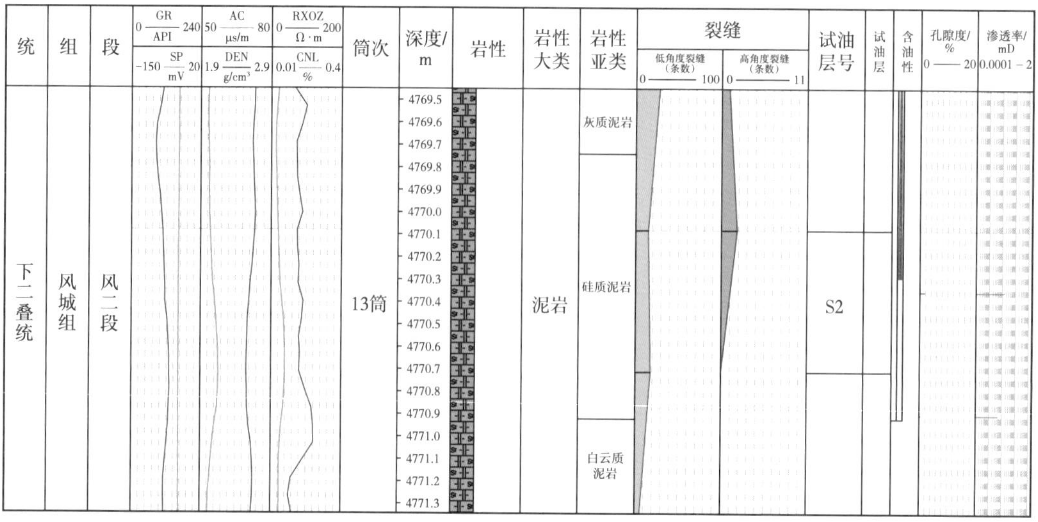

图 6-4-40　玛页 1 井硅质泥岩（4769.5~4771.3m）岩性、电性、裂缝、含油性、物性特征

　　灰质白云质泥岩揭露厚度大，具有中自然伽马缓波形、中自然电位缓波形、中低声波时差缓箱形、高密度缓箱形、低电阻缓箱形、低中子密度缓钟形等电性特征。该岩性同时发育低角度裂缝和高角度裂缝，可见两类裂缝的数量具有同时先减少后增加的趋势。裂缝对物性起到建设性影响，主要体现在渗透率上。未见油气显示（图6-4-41）。

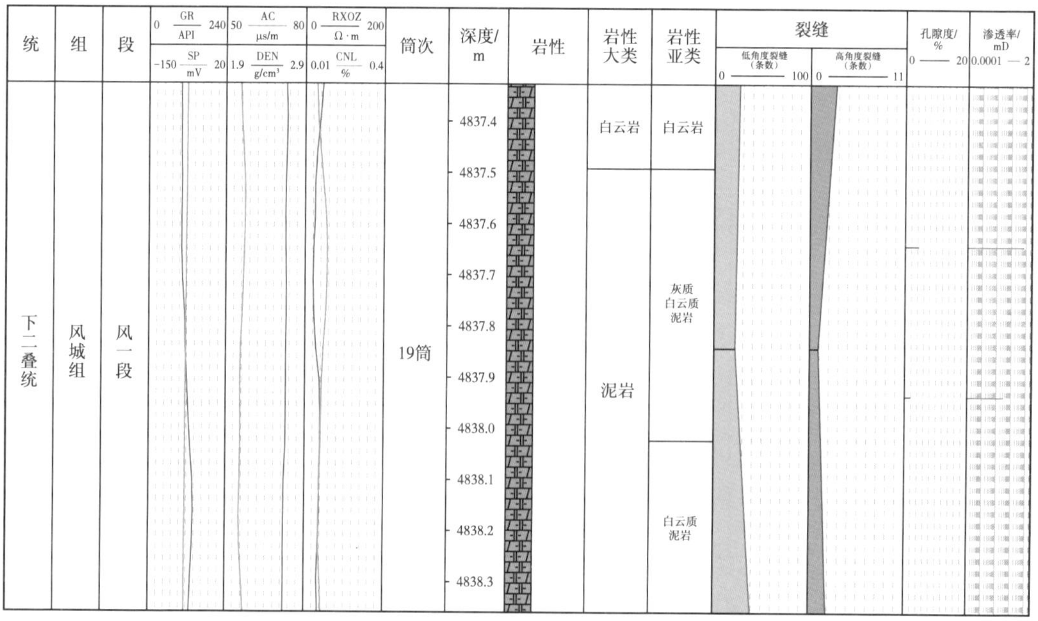

图 6-4-41　玛页 1 井灰质白云质泥岩（4837.4~4838.3m）岩性、电性、裂缝、含油性、物性特征

灰质硅质泥岩厚度较小，不具备完整的曲线形态，仅占据其中某一部位。具部分中低自然伽马钟形、中自然电位缓箱形、中低声波时差漏斗形、高密度缓箱形、中电阻率箱形、低中子密度缓波形等电性特征。该岩性同时发育低角度裂缝和高角度裂缝，具有条数自上而下逐步减少的变化趋势，但相比之下，低角度裂缝条数减少幅度较小，高角度裂缝条数减少的幅度较大，未见油气显示（图 6-4-42）。

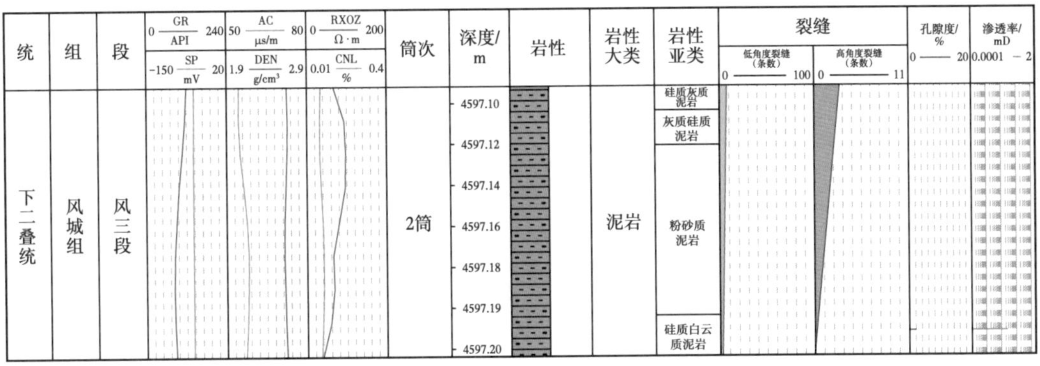

图 6-4-42 玛页 1 井灰质硅质泥岩（4597.10~4597.20m）岩性、电性、裂缝、含油性、物性特征

泥岩相对较纯泥岩，揭露厚度大，具有中高自然伽马缓正—反箱形复合、中自然电位缓波形、低声波时差缓箱形、中高密度缓波形、低电阻率缓箱形、低中子密度缓波形等电性特征。该岩性同时低角度裂缝和高角度裂缝，相比之下，高角度裂缝数量占优，且具有条数先增加后减少的变化趋势，低角度裂缝条数整体变化不大。未见油气显示（图 6-4-43）。

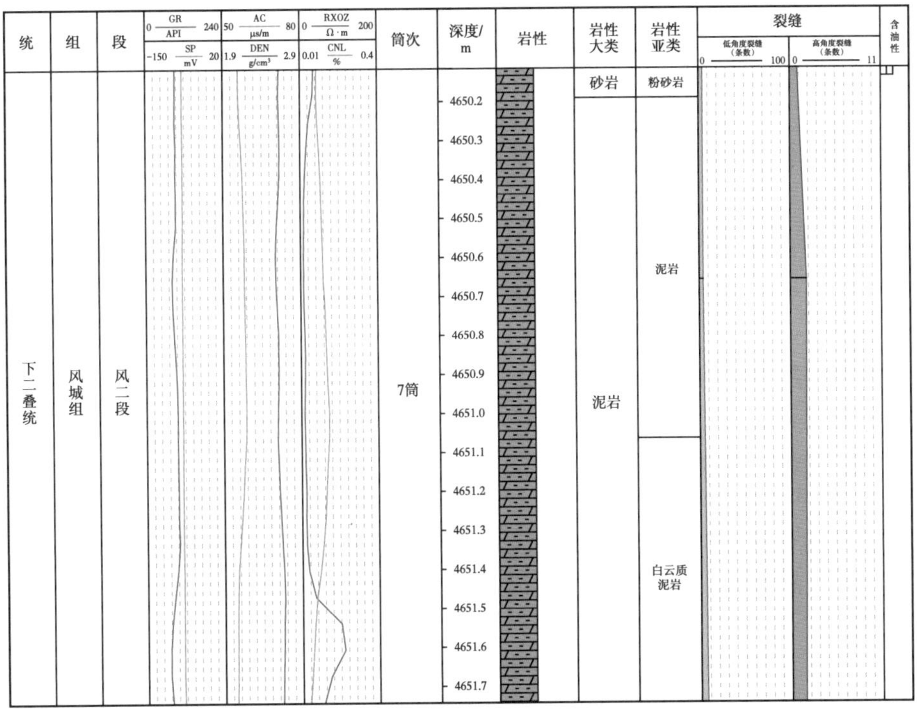

图 6-4-43 玛页 1 井泥岩（4650.2~4651.7m）岩性、电性、裂缝、含油性、物性特征

2. 砂岩

该岩性揭露厚度较大，具有中低自然伽马缓箱形、中高自然电位缓箱形、低声波时差缓箱形、高密度缓箱形、中低电阻率波形和中高中子密度波形等电性特征。

该岩性同时发育低角度和高角度裂缝，在箱形过渡处可见低角度裂缝条数先由低到高、再由高到低的变化趋势，而高角度裂缝条数较为稳定，变化不大；整体上低角度裂缝数量明显高于高角度裂缝的数量，此处未见油气显示（图 6-4-44）。

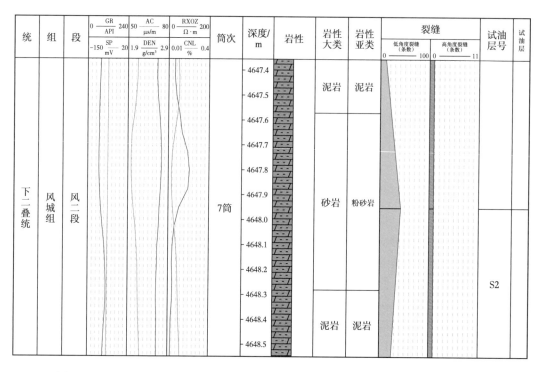

图 6-4-44　玛页 1 井砂岩（4647.4~4648.5m）岩性、电性、裂缝、含油性、物性特征

3. 石灰岩

该岩性揭露厚度不大，仅占据测井曲线波形的局部，具有部分中低自然伽马缓钟形、中自然电位缓箱形、中声波时差缓箱形、中高密度缓波形、低电阻率缓箱形和中中子密度缓箱形等电性特征。

该岩性同时发育低角度和高角度裂缝，低角度裂缝数量较为稳定、变化不大，高角度裂缝自上而下具有逐渐增加的趋势。裂缝对该岩性的物性的改造是建设性的，孔隙度改善有限，但渗透率明显提高。此处可见油气显示（图 6-4-45）。

4. 白云岩

该岩性揭露厚度大，具有中低自然伽马箱形—缓钟形复合、中自然电位缓波形、低声波时差缓箱形、高密度缓箱形、中低电阻率缓波形—箱形—钟形复合、低中子密度缓波形等电性特征。

该岩性同时发育低角度和高角度裂缝，整体条数较多，低角度裂缝数量多于高角度裂缝数量，且低角度裂缝条数自上而下具有先增加、稳定后再减少的变化趋势，高角度裂缝则具逐渐增加的趋势。此处未见油气显示（图 6-4-46）。

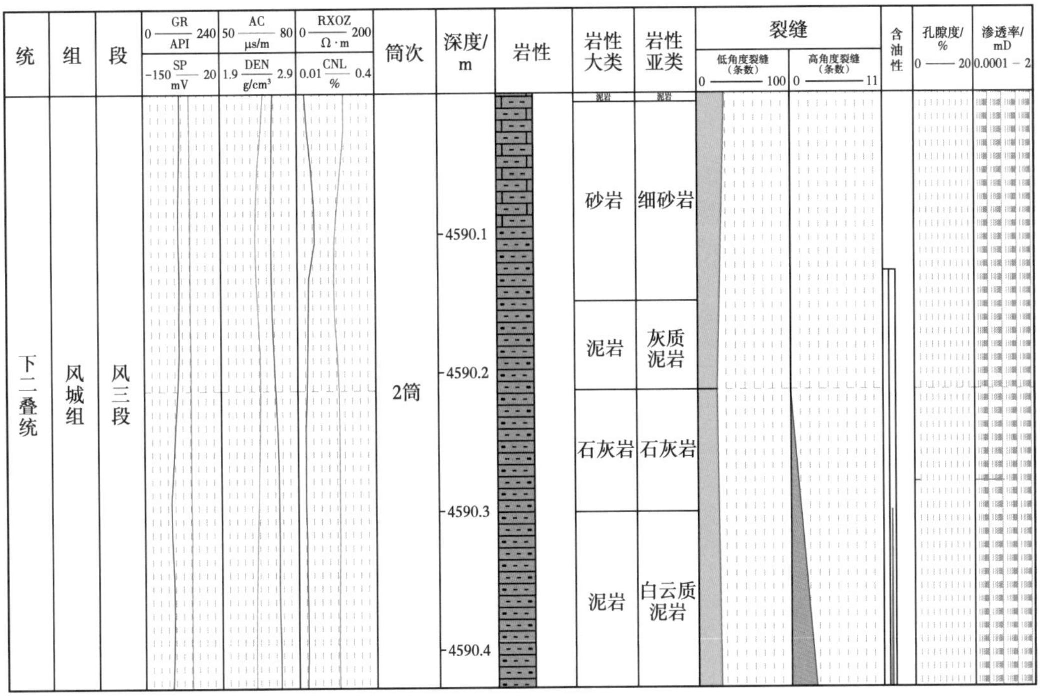

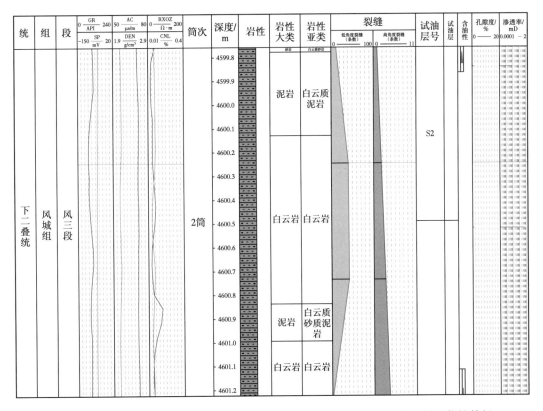

图 6-4-45 玛页 1 井石灰岩（4590.1~4590.4m）岩性、电性、裂缝、含油性、物性特征

图 6-4-46 玛页 1 井白云岩（4599.8~4601.2m）岩性、电性、裂缝、含油性、物性特征

5. 燧石岩

该岩性具有中低自然伽马缓箱形—波形复合、中自然电位缓箱形、低声波时差缓漏斗形—箱形复合、高密度缓箱形、高中电阻率钟形—缓箱形—漏斗形复合、中低中子密度缓箱形等电性特征。

该岩性同时发育低角度和高角度裂缝，低角度裂缝数量明显高于高角度裂缝，各测井曲线形态复合处可见高角度裂缝自上而下先快速减少后缓慢增加的变化趋势，但低角度裂缝数量整体保存稳定，变化不大。此处可见油气显示（图6-4-47）。

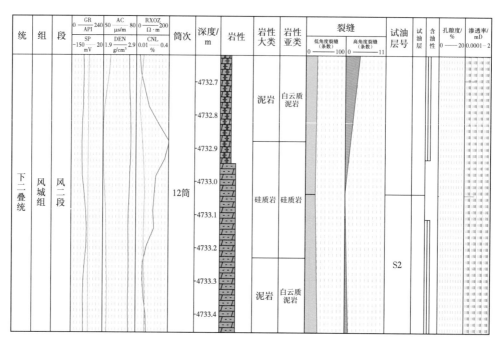

图6-4-47　玛页1井燧石岩（4732.7~4733.4m）岩性、电性、裂缝、含油性、物性特征

6. 硅硼钠石岩

该岩性揭露厚度较小，仅占据测井曲线形态的局部特征，具有部分中自然伽马缓波状、中自然电位缓箱形、中低声波时差漏斗形、高密度缓箱形、中低电阻率箱形—钟形复合、中低中子密度缓箱形等电性特征。

该岩性同时发育低角度和高角度裂缝，低角度裂缝数量多于高角度裂缝数量，可见高角度裂缝数量自上而下逐渐增加，而低角度裂缝数量稳定；裂缝对该岩性物性的改造是建设性的，渗透率有所提高。此处可见油气显示（图6-4-48）。

7. 凝灰岩

凝灰岩具有中高伽马低幅箱形—钟形—漏斗形复合、中自然电位低幅箱形、中声波时差中低幅漏斗形—箱形复合、高密度中低幅箱形—钟形复合、低—中电阻率中幅箱形—锯齿形复合、低中子密度中幅箱形—钟形—漏斗形测井响应特征。

高电阻率、低中子密度、低伽马、高声波时差、低密度处发育裂缝和油气显示特征；裂缝不发育；具有中孔中渗、中孔高渗特征（图6-4-49）。

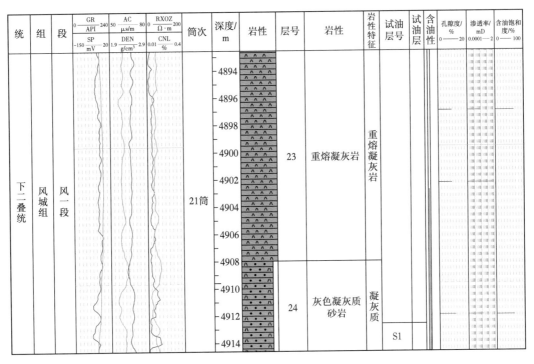

图 6-4-48 玛页 1 井硅硼钠石岩（4704.1~4705m）岩性、电性、裂缝、含油性、物性特征

图 6-4-49 玛页 1 井重熔凝灰岩（4894~4914m）岩性、电性、裂缝、含油性、物性特征

8. 安山岩

安山岩具有低—高伽马箱形—钟形—微齿形复合、中自然电位箱形、低声波时差钟形—漏斗形—箱形复合、高密度平缓箱形—微齿形、低电阻率箱形—漏斗形复合、低—高中子密度漏斗形—箱形测井响应特征。

高电阻率、低中子密度、低伽马、高声波时差、低密度处发育裂缝，油气不发育；低角度较为发育和高角度裂缝不太发育（图 6-4-50）。

9. 玄武岩

玄武岩具有中—高伽马中幅箱形—漏斗形—钟形复合、中自然电位低幅平缓波状、低—高声波时差中—低幅钟形—箱形复合、高密度中低幅箱形—钟形—漏斗形复合、低—高电阻率箱低—高幅箱形—漏斗形—锯齿形复合、中—低中子密度中—低幅箱形—钟形—漏斗形复合测井响应特征。

裂缝和油气不发育；具有高孔中渗特征（图 6-4-51）。

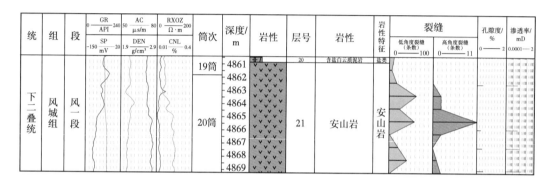

图 6-4-50　玛页 1 井安山岩（4861~4869m）岩性、电性、裂缝、含油性、物性特征

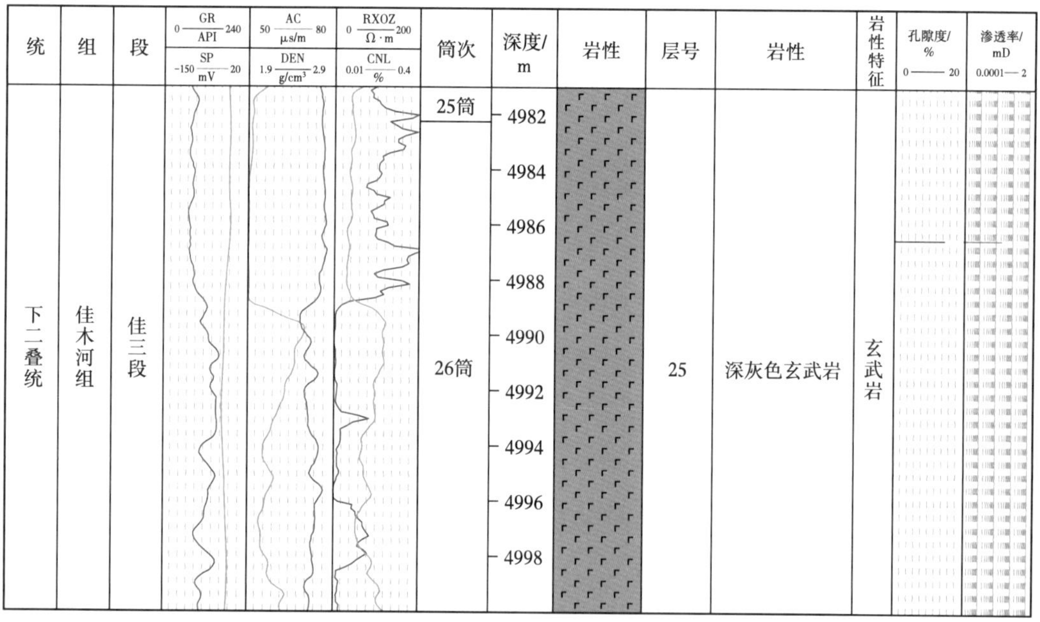

图 6-4-51　玛页 1 井玄武岩（4982~4998m）岩性、电性、裂缝、含油性、物性特征

第五节　铁柱子的建立

在上述研究的基础上，建立玛页 1 井米级铁柱子（图 6-4-52）。玛页 1 井位于原碱湖东北斜坡边缘区，地势广阔平缓，湖进—湖退—暴露频繁发生，经历了咸—淡—咸—淡四

大湖—沼旋回期。在火山喷发、浅水暴露的环境下，有机质丰度整体较低，但微咸水湖泊期发育 TOC 高值段。高盐高碱的背景下，微生物发育，包括燧石岩中的球粒微生物、微晶白云岩中的丝状藻及泥岩中的藻质体和纤维状细菌。此外，浅埋藏过程中岩石经白云石、方解石及硅质胶结、交代及原位结晶等，增加了脆性，使裂缝成为风二段—风三段细粒沉积岩段含油性的主控因素，而风一段陆上喷发的火山岩和砂砾岩主控因素为原始孔隙。

玛湖凹陷风城组喷发—沉积环境研究

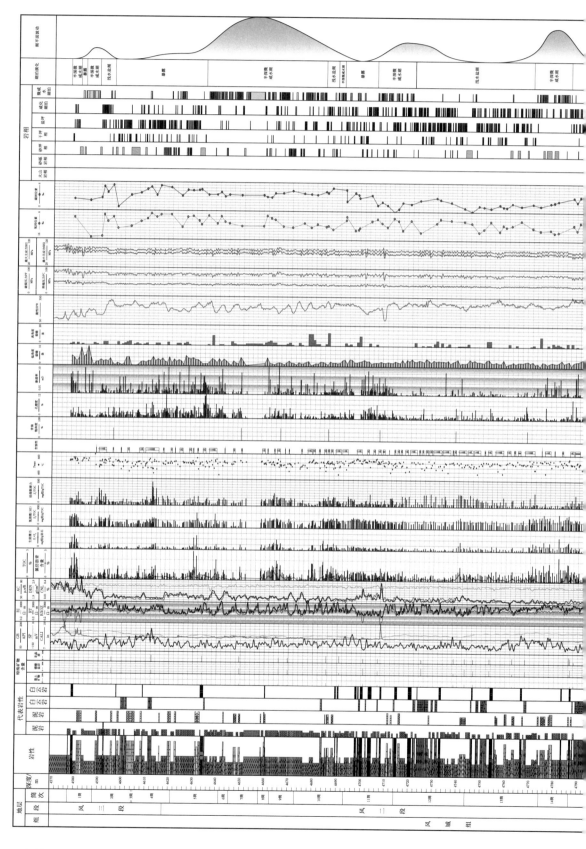

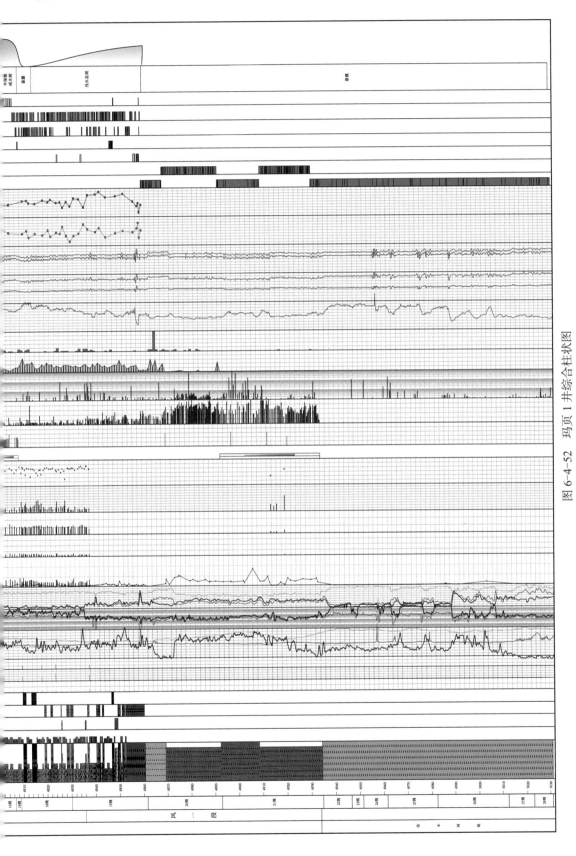

图 6-4-52 玛页 1 井综合柱状图

第七章 结 论

（1）玛湖凹陷风城组发育一类湖相沉积罕见的"重结晶长英质泥页岩"，以碎屑颗粒和黏土矿物少、自生长英质矿物富集为特征，是一类极为优质的泥页岩储层。重结晶长英质泥页岩是由泥岩、沉凝灰岩在碱性流体环境下重结晶改造而成，原始沉积的黏土矿物、凝灰物质溶解或成岩转化为钾长石、钠长石和石英。

（2）玛湖凹陷风城组泥质岩中燧石的富集与原始湖水呈碱性、造成硅质溶解度迅速增加有关，燧石的形成具有三种方式：蒸发浓缩、生物诱导和交代成岩，其中生物诱导成因燧石较丰富，具有潜在的生烃能力。

（3）玛湖凹陷风城组层状天然碱/碳氢钠石和纹层状碳钠镁石为原始碱湖沉积产物外，其余分散于泥质岩中分散的碳钠钙石、碳钠镁石、氯碳钠镁石、硅硼钠石均为成岩作用的产物，其中碳钠钙石和硅硼钠石是热敏性矿物，形成于成岩中晚期。风一段和风二段碱盐的形成与晚石炭世温室干旱气候和火山—热液活动密切相关，风三段碱盐的消失与早二叠世冰期气候和火山活动减弱相关。

（4）玛湖凹陷风一段沉积时期存在两个大的物源（扎伊尔山和哈拉阿拉特山）和一个火山岩带（乌夏地区），碱湖沉积较为局限。风二段沉积时期，哈拉阿拉特山物源区转变为沉积区，乌夏地区火山喷发减弱，碱湖沉积最为发育，玛南斜坡在晚期发生玄武岩喷发。风三段哈拉阿拉特山物源区仍为沉积区，湖泊盐度减弱，碱盐沉积减弱，以广泛沉积云质岩为主。

（5）通过统计风城组30口井岩性数据，制作15幅岩相空间分布图，基本查明云质岩、火山岩及碎屑岩储层的岩相特征及空间分布规律。

（6）查明不同成岩作用类型对储层的影响，在此基础上将玛湖凹陷风城组划分为3类成岩相组合类型，分析了3类成岩相组合空间分布规律。风一段致密泥岩压实相最为发育；风二段致密泥岩压实相主要位于西侧的乌尔禾地区，破裂—溶蚀相面积扩大，位于玛湖凹陷中部，东侧夏子街地区主要为溶蚀—胶结相；风三段致密泥岩压实相、破裂—溶蚀相和溶蚀—胶结相分布范围大致与风二段相当，但溶蚀—胶结相范围减小。

（7）对风城组致密储层进行评价与和预测，玛湖凹陷风城组Ⅰ类最有利储层主要沿大断裂分布，特别是在断裂带分布范围最广，风二段和风三段最发育，其次为风一段。

（8）从岩性组合、矿物分布、沉积环境、有机地化、四性关系、碳氧同位素以及湖平面变化等方面全面系统地建立了玛页1井米级铁柱子，为玛湖凹陷风城组页岩油勘探奠定基础。整体上，玛页1井风城组有机质丰度整体较低，但烃类转化率高。生烃母质以菌藻类为主，包括燧石中的球状绿藻，藻云岩中的蓝细菌和泥质岩中的丝状藻类。玛页1井油气贡献97%的岩性为泥岩、砂岩、凝灰岩和白云岩，其余的安山岩、硅硼钠石岩、燧石岩、灰岩和玄武岩仅占3%；但从贡献的效率上看，凝灰岩效率最高，其次为砂岩；最低的是玄武岩。

参 考 文 献

曹剑, 雷德文, 李玉文, 等, 2015. 古老碱湖优质烃源岩: 准噶尔盆地下二叠统风城组 [J]. 石油学报, 36 (7): 781-790.

常海亮, 郑荣才, 郭春利, 等, 2016. 准噶尔盆地西北缘风城组喷流岩稀土元素地球化学特征 [J]. 地质论评, 62 (3): 550-568.

陈书平, 张一伟, 汤良杰, 2001. 准噶尔晚石炭世—二叠纪前陆盆地的演化 [J]. 石油大学学报 (自然科学版), 25 (5): 11-15.

陈业全, 王伟锋, 2004. 准噶尔盆地构造动力学过程 [J]. 地质力学学报, 10 (2): 155-164.

程家龙, 赵永鑫, 柳丰华, 2010. 硼同位素在矿床学中的应用研究 [J]. 地质找矿论丛, 25 (1): 65-71.

单福龙, 陈文西, 王丛山, 2015. 第三纪火山沉积硼矿与火山岩关系研究 [J]. 科技资讯, 13 (7): 71-73.

董春梅, 马存飞, 林承焰, 等, 2015. 一种泥页岩层系岩相划分方法 [J]. 中国石油大学学报 (自然科学版), 39 (3): 1-7.

冯建伟, 戴俊生, 秦峰, 等, 2019. 准噶尔盆地乌夏前陆冲断带沉降史与沉积响应研究 [J]. 地质学报, 93 (11): 2729-2741.

冯有良, 张义杰, 王瑞菊, 等, 2011. 准噶尔盆地西北缘风城组白云岩成因及油气富集因素 [J]. 石油勘探与开发, 38 (6): 19-22.

高斌, 2013. 乌夏地区二叠系风城组火山岩储层特征及预测 [D]. 中国石油大学 (华东).

郭建钢, 赵小莉, 刘巍, 等, 2009. 乌尔禾地区风城组白云岩储集层成因及分布 [J]. 新疆石油地质, 30 (6): 699-701.

何衍鑫, 鲜本忠, 牛花朋, 等, 2018. 古地理环境对火山喷发样式的影响: 以准噶尔盆地玛湖凹陷东部下二叠统风城组为例 [J]. 古地理学报, 20 (2): 245-262.

蒋宜勤, 文华国, 祁利祺, 等, 2012. 准噶尔盆地乌尔禾地区二叠系风城组盐类矿物和成因分析 [J]. 矿物岩石, 32 (2): 105-114.

雷卞军, 阙洪培, 胡宁, 等, 2002. 鄂西古生代燧石岩的地球化学特征及沉积环境 [J]. 沉积与特提斯地质, 22 (2): 70-79.

李红, 柳益群, 2013. "白云石 (岩) 问题" 与湖相白云岩研究 [J]. 沉积学报, 31 (2): 302-314.

李玉堂, 袁标, 刘成林, 等, 1990. 国内水硅硼钠石的首次发现 [J]. 岩石矿物学杂志, 9 (2): 170-174+192.

刘国壁, 张惠蓉, 1994. 煤层气勘探开发和增产技术 [J]. 新疆石油地质, 15 (1): 87-91.

刘芊, 陈多福, 冯东, 2007. 新元古代帽碳酸盐岩中帐篷状构造的成因 [J]. 地学前缘, 14 (2): 242-248.

柳波, 石佳欣, 付晓飞, 等, 2018. 陆相泥页岩层系岩相特征与页岩油富集条件——以松辽盆地古龙凹陷白垩系青山口组一段富有机质泥页岩为例 [J]. 石油勘探与开发, 45 (5): 84-94.

彭军, 田景春, 伊海生, 等, 2000. 扬子板块东南大陆边缘晚前寒武纪热水沉积作用 [J]. 沉积学报, 18 (1): 107-113.

饶松, 朱亚珂, 胡迪, 等, 2018. 准噶尔盆地热史恢复及其对早—中二叠世时期盆地构造属性的约束 [J]. 地质学报, 92 (6): 1176-1195.

苏东旭, 王忠泉, 袁云峰, 等, 2020. 准噶尔盆地玛湖凹陷南斜坡二叠系风城组风化壳型火山岩储层特征及控制因素 [J]. 天然气地球科学, 31 (2): 209-219.

汪梦诗, 张志杰, 周川闽, 等, 2018. 准噶尔盆地玛湖凹陷下二叠统风城组碱湖岩石特征与成因 [J]. 古地理学报, 20（1）: 147-162.

王丛山, 陈文西, 张旭, 等, 2015. 火山—沉积型硼矿成矿条件及找矿依据的研究 [J]. 科技资讯, 13（4）: 54-55.

王俊怀, 刘英辉, 万策, 等, 2014. 准噶尔盆地乌—夏地区二叠系风城组云质岩特征及成因 [J]. 古地理学报, 16（2）: 157-168.

王小军, 王婷婷, 曹剑, 2018. 玛湖凹陷风城组碱湖烃源岩基本特征及其高效生烃 [J]. 新疆石油地质, 39（1）: 9-15.

文华国, 2008. 酒泉盆地青西凹陷湖相"白烟型"热水沉积岩地质地球化学特征及成因 [D]. 成都: 成都理工大学.

鲜本忠, 牛花朋, 朱筱敏, 等, 2013. 准噶尔盆地西北缘下二叠统火山岩岩性、岩相及其与储层的关系 [J]. 高校地质学报, 19（1）: 46-55.

许杨阳, 刘邓, 于娜, 等, 2018. 微生物（有机）白云石成因模式研究进展与思考 [J]. 地球科学, 43（Z1）: 63-70.

姚通, 李厚民, 杨秀清, 等, 2014. 辽冀地区条带状铁建造地球化学特征：Ⅱ. 稀土元素特征 [J]. 岩石学报, 30（5）: 1239-1252.

余宽宏, 操应长, 邱隆伟, 等, 2016. 准噶尔盆地玛湖凹陷早二叠世风城组沉积时期古湖盆卤水演化及碳酸盐矿物形成机理 [J]. 天然气地球科学, 27（7）: 1248-1263.

张汉文, 1991. 秦岭泥盆系的热水沉积岩及其与矿产的关系——概论秦岭泥盆纪的海底热水作用 [J]. 西北地质科学（31）: 15-39.

张杰, 何周, 徐怀宝, 等, 2012. 乌尔禾—风城地区二叠系白云质岩类岩石学特征及成因分析 [J]. 沉积学报, 30（5）: 859-867.

张元元, 李威, 唐文斌, 2018. 玛湖凹陷风城组碱湖烃源岩发育的构造背景和形成环境 [J]. 新疆石油地质, 39（1）: 48-54.

张志杰, 袁选俊, 汪梦诗, 等, 2018. 准噶尔盆地玛湖凹陷二叠系风城组碱湖沉积特征与古环境演化 [J]. 石油勘探与开发, 45（6）: 54-66.

郑绵平, 陈文西, 齐文, 2016. 青藏高原火山—沉积硼矿找矿的新发现与远景分析 [J]. 地球学报, 37（4）: 407-418.

郑绵平, 刘喜方, 2010. 青藏高原盐湖水化学及其矿物组合特征 [J]. 地质学报, 84（11）: 1585-1600.

郑荣才, 文华国, 李云, 等, 2018. 甘肃酒西盆地青西凹陷下白垩统下沟组湖相喷流岩物质组分与结构构造 [J]. 古地理学报, 20（1）: 1-17.

支东明, 唐勇, 何文军, 等, 2021. 玛湖凹陷下二叠统风城组常规–非常规油气有序共生与全油气系统成藏模式 [J]. 石油勘探与开发, 48（1）: 1-14.

周永章, 1990. 广西丹池盆地热水成因的燧石岩的沉积地球化学特征 [J]. 沉积学报, 8（3）: 75-83.

周中毅, 潘长春, 范善发, 等, 1989. 准噶尔盆地的地温特征及其找油意义 [J]. 新疆石油地质, 10（3）: 67-74.

朱世发, 朱筱敏, 吴冬, 等, 2014. 准噶尔盆地西北缘下二叠统油气储层中火山物质蚀变及控制因素 [J]. 石油与天然气地质, 35（1）: 77-85.

Alonso R N, Helvacı C, Sureda R J, et al., 1998. A new tertiary borax deposit in the Andes[J]. Mineralium deposita, 23（4）: 299-305.

Alonso R N, 1991. Evaporitas neógenas de los Andes Centrales[C]. Génesis de.

Alonso-Zarza A M, Sánchez-Moya Y, Bustillo M A, et al., 2002. Silicification and dolomitization of anhydrite nodules in argillaceous terrestrial deposits: An example of meteoric-dominated diagenesis from the Triassic of central Spain[J]. Sedimentology, 49: 303-317.

Barker C E, Barker J M, 1985. Re-evaluation of the origin and diagenesis of borate deposits, Death Valley region, California//Borates: economic geology and production. proceedings of a symposium held at the fall meeting of SME-AIME: 101-135.

Barker J M, Lefond S J, 1979. Some additional borates and zeolites from the Mesa del Alamo borate district, north-central Sonora. Mexico: borate deposits, northern Sonora, Mexico, 59 (3): 523-548.

Bau M, Dulski P, 1996. Distribution of yttrium and rare-earth elements in the Penge and Kuruman iron-formations, Transvaal Supergroup, South Africa[J]. Precambrian Research, 79 (1): 37-55.

Bostrom K, Joensuuo, Valdess, et al., 1972. Geochemical history of South Atlantic Ocean sediments since late Cretaceous[J]. Marine Geology, 12 (2): 85-121.

Brumsack H J, Zuleger E, 1992. Boron and boron isotopes in pore waters from ODP Leg 127, Sea of Japan[J]. Earth and planetary science letters, 113 (3): 427-433.

Bustillo M A, 2010. Silicification of continental carbonates[J]. Developments in Sedimentology, 62: 153-178.

Cao J, Xia L, Wang T, et al., 2020. An alkaline lake in the Late Paleozoic Ice Age (LPIA): A review and new insights into paleoenvironment and petroleum geology[J]. Earth-Science Reviews, 202: 103091.

Clark J R, Appleman D E, 1960. Crystal structure refinement of reedmergnerite, the boron analog of albite[J]. Science, 132 (3442): 1837-1838.

Dyni J R, 1996. Sodium carbonate resources of the Green River Formation[R]. Colorado, 1-39.

Earman S, Phillips F M, McPherson B J O L, 2005. The role of "excess" CO_2 in the formation of trona deposits[J]. Applied Geochemistry, 20 (12): 2217-2232.

Eugster H P, McIver N L, 1959. Boron analogues of alkali feldspars and related silicates[J]. Geol. Soc. Am. Bull, 70: 1598-1599.

Eugster H P, Smith G I, 1965. Mineral equilibria in the Searles Lake evaporites, California[J]. Journal of Petrology, 6 (3): 473-522.

García-Veigas J, Helvacı C, 2013. Mineralogy and sedimentology of the Miocene Göcenoluk borate deposit, Kırka district, western Anatolia, Turkey[J]. Sedimentary Geology, 290: 85-96.

Goldsmith J R, Jenkins D M, 1985. The hydrothermal melting of low and high albite[J]. American Mineralogist, 70 (9-10): 924-933.

Goldsmith J R, Peterson J W, 1990. Hydrothermal melting behavior of $KAlSi_3O_8$ as microcline and sanidine[J]. American Mineralogist, 75: 1362-1369.

Goldstein H R, 1994. Systematics of fluid inclusions in diagenetic minerals[J]. SEPM short course, 31: 199.

Guo P, Liu C, Huang L, et al., 2017. Genesis of the late Eocene bedded halite in the Qaidam Basin and its implication for paleoclimate in East Asia[J]. Palaeogeography, Palaeoclimatology, Palaeoecology, 487: 364-380.

Guo P, Wen H, Gibert L, et al., 2021. Deposition and diagenesis of the Early Permian volcanic-related alkaline playa-lake dolomitic shales, NW Junggar Basin, NW China[J]. Marine and Petroleum Geology, 123:

104780.

Hay R L, Guldman S G, 1987. Diagenetic alteration of silicic ash in Searles Lake, California[J]. Clays and Clay Minerals, 35（6）: 449–457.

Helvaci C, Orti F, 1998. Sedimentology and diagenesis of Miocene colemanite–ulexite deposits（western Anatolia, Turkey）[J]. Journal of Sedimentary Research, 68（5）: 1021–1033.

Helvaci C, 1995. Stratigraphy, mineralogy, and genesis of the Bigadiç borate deposits, Western Turkey[J]. Economic Geology, 90（5）: 1237–1260.

Helvacı C, Stamatakis M G, Zagouroglou C, et al., 1993. Borate minerals and related authigenic silicates in northeastern Mediterranean late Miocene continental basins[J]. Exploration and Mining Geology, 2（2）: 171–178.

Herzig P M, 1988. Hydrothermal silica chimney field in the Galapages Spreading Centerat 86W[J]. Earth and Planet Science Letter, 89（1）: 281‒320.

Hesse R, 1989. Silica diagenesis: Origin of inorganic and replacement cherts[J]. Earth–Science Reviews, 26: 253‒284.

Huguet C, Fietz S, Stockhecke M, et al., 2012. Biomarker seasonality study in Lake Van, Turkey[J]. Organic Geochemistry, 42（11）: 1289–1298.

Jagniecki E A, Jenkins D M, Lowenstein T K, et al., 2013. Experimental study of shortite（$Na_2Ca_2（CO_3）_3$）Formation and application to the burial history of the Wilkins Peak Member, Green River basin, Wyoming, USA[J]. Geochimica et Cosmochimica Acta, 115: 31–45.

Kimata M, 1977. Synthesis and properties of reedmergnerite[J]. The Journal of the Japanese Association of Mineralogists, Petrologists and Economic Geologists, 72（4）: 162–172.

Klinkhammer G P, Elderfield H, Edmond J M, et al., 1994. Geochemical implications of rare earth element patterns in hydrothermal fluids from mid–ocean ridges[J]. Geochimicaet Cosmochimica Acta, 58（23）: 5105‒5113.

Kuma R, Hasegawa H, Yamamoto K, et al., 2019. Biogenically induced bedded chert formation in the alkaline palaeo–lake of the Green River Formation[J]. Scientific Reports, 9（1）: 16448.

Lima BEM, Ros LF De, 2019. Deposition, diagenetic and hydrothermal processes in the Aptian Pre‒Salt lacustrine carbonate reservoirs of the northern Campos Basin, offshore Brazil[J]. Sedimentary Geology, 383: 55–81.

MacKenzie W S, 1957. The crystalline modifications of $NaAlSi_3O_8$[J]. Am. J. Sci., 255: 481–516.

Maliva R G, Siever R, 1989. Nodular chert formation in carbonate rocks[J]. The Journal of Geology, 97（4）: 421–433.

Martin R F C, 1969. Hydrothermal synthesis of low albite, orthoclase, and non‒stoichiometric albite[M]. Stanford University.

Mcnulty E, 2017. Lake Magadi and the soda lake cycle: a study of the modern sodium carbonates and of late Pleistocene and Holocene lacustrine core sediments[D]. Binghamton University, 1–114.

Mercedes‒Martín R, Brasier A T, Rogerson M, et al., 2017. A depositional model for spherulitic carbonates associated with alkaline, volcanic lakes[J]. Marine and Petroleum Geology, 86: 168–191.

Milton C, 1971. Authigenic minerals of the Green River formation[J]. Rocky Mountain Geology, 10（1）:

57–63.

Milton C, Chao E C T, Axelrod J M, et al., 1960. Reedmergnerite, $NaBSi_3O_8$, the boron analogue of albite, from the Green River Formation, Utah[J]. American Mineralogist: Journal of Earth and Planetary Materials, 45（1–2）: 188–199.

Morad S, Felitsyn S, 2001. Identification of primary Ce–anomaly signatures in fossil biogenic apatite: Implication for the Cambrian oceanic anoxia and phosphogenesis[J]. Sedimentary Geology, 143（4）: 259–264.

Murray R W, 1994. Chemical criteria to identify the depositional environment of chert: General principles and applications[J]. Sedimentary Geology, 90（3–4）: 213–232.

Ortí F, Rosell L, García–Veigas J, et al., 2016. Sulfate–Borate Association（Glauberite–Probertite）In the Emet Basin: Implications For Evaporite Sedimentology（Middle Miocene, Turkey）[J]. Journal of Sedimentary Research, 86（5）: 448–475.

Pabst A, 1973. The crystallography and structure of eitelite, $Na_2Mg(CO_3)_2$[J]. American Mineralogist, 58（1）: 211–217.

Parnell J, 1986. Devonian Magadi–type cherts in the Orcadian Basin, Scotland[J]. Journal of Sedimentary Petrology, 56（4）: 495–500.

Pecoraino G D, Alessandro W, Inguaggiato S, 2015. The other side of the coin: geochemistry of alkaline lakes in volcanic areas[M]//Volcanic lakes. Springer, Berlin, Heidelberg, 219–237.

Renaut R W, Owen R B, Jones B, et al., 2013. Impact of lake–level changes on the formation of thermogene travertine in continental rifts: evidence from Lake Bogoria, Kenya Rift Valley[J]. Sedimentology, 60（2）: 428–468.

Renaut R W, Owen R B, 1988. Opaline cherts associated with sublacustrine hydrothermal springs at Lake Bogoria, Kenya Rift valley[J]. Geology, 16（8）: 699–702.

Renaut R W, Tiercelin J J, Owen R B, 1986. Mineral precipitation and diagenesis in the sediments of the Lake Bogoria basin, Kenya Rift Valley[J]. Geological Society, London, Special Publications, 25（1）: 159–175.

Savage D, Benbow S, Watson C, et al., 2010. Natural systems evidence for the alteration of clay under alkaline conditions: an example from Searles Lake, California[J]. Applied Clay Science, 47（1–2）: 72–81.

Schagerl M, Renaut R W, 2016. Dipping into the soda lakes of East Africa[M]//soda lakes of East Africa. Springer, Cham.

Schubel K A, Simonson B M, 1990. Petrography and diagenesis of cherts from Lake Magadi, Kenya[J]. Journal of Sedimentary Research, 60（5）: 761–776.

Smith G I, Haines D V, 1964. Character and distribution of nonclastic minerals in the Searles Lake evaporite deposit, California[M]. US Government Printing Office.

Smith G I, Medrano M D, 1996. Continental borate deposits of Cenozoic age[M]. Reviews in Mineralogy, 33: 223–284.

Spivack A J, Edmond J M, 1987. Boron isotope exchange between seawater and the oceanic crust[J]. Geochimica et Cosmochimica Acta, 51（5）: 1033–1043.

Sumita M, Schmincke H U, 2013. Impact of volcanism on the evolution of Lake Van II: Temporal evolution of explosive volcanism of Nemrut Volcano（eastern Anatolia）during the past ca. 0.4 Ma[J]. Journal of Volcanology & Geothermal Research, 253: 15–34.

Summerfield M A, 1983. Petrography and diagenesis of silcrete from the Kalahari Basin and Cape coastal zone, southern Africa[J]. Journal of Sedimentary Petrology, 53: 895–909.

Surdam R C, Mumpton F A, 1977. Zeolites in closed hydrologic systems[J]. Mineralogy and geology of natural zeolites, 5: 65‒92.

Tank R W, 1972. Clay minerals of the Green River Formation (Eocene) of Wyoming[J]. Clay Minerals, 9(3): 297‒308.

Tanner L H, 2002. Borate formation in a perennial lacustrine setting: Miocene–Pliocene furnace creek formation, Death Valley, California, USA[J]. Sedimentary Geology, 148 (1–2): 259–273.

Tiercelin J J, Vincens A, Jardine S, et al., 1987. Le demi‒graben de Baringo‒Bogoria, Rift Gregory, Kenya. 30000 ans d'histoire hydrologique et sédimentaire[J]. Bulletin des Centres de Recherches Exploration‒Production Elf‒Aquitaine, 11 (2): 249‒250.

Trembath L T, 1973. Hydrothermal synthesis of albite: the effect of NaOH on obliquity[J]. Mineralogical Magazine, 39 (304): 455‒463.

Wang T, Cao J, Carroll A R, et al., 2021. Oldest preserved sodium carbonate evaporite: Late Paleozoic Fengcheng Formation, Junggar Basin, NW China[J]. GSA Bulletin, 133 (7‒8): 1465‒1482.

Warren J K, 2006. Evaporites: sediments, resources and hydrocarbons[M]. Springer Science & Business Media.

Wright V P, Barnett A J, 2015. An abiotic model for the development of textures in some South Atlantic early Cretaceous lacustrine carbonates[J]. Geological Society, London, Special Publications, 418 (1): 209–219.

Wunder B, Stefanski J, Wirth R, et al., 2013. Al–B substitution in the system albite (NaAlSi$_3$O$_8$) – reedmergnerite (NaBSi$_3$O$_8$) [J]. European Journal of Mineralogy, 25 (4): 499–508.

Xia L W, Cao J, STÜEKEN E, et al., 2020. Unsynchronized evolution of salinity and pH of a Permian alkaline lake influenced by hydrothermal fluids: A multi–proxy geochemical study[J]. Chemical Geology, 541: 119581.

Yang J H, Yi C L, Du Y S, et al., 2015. Geochemical significance of the Paleogene soda–deposits bearing strata in Biyang Depression, Henan Province[J]. Science China Earth Sciences, 58 (1): 129–137.

Yu K, Cao Y, Qiu L, et al., 2018. Geochemical characteristics and origin of sodium carbonates in a closed alkaline basin: The Lower Permian Fengcheng Formation in the Mahu Sag, northwestern Junggar Basin, China[J]. Palaeogeography, palaeoclimatology, palaeoecology, 511: 506–531.

Yu K, Qiu L, Cao Y, et al., 2019. Hydrothermal origin of early Permian saddle dolomites in the Junggar Basin, NW China[J]. Journal of Asian Earth Sciences, 184: 103990.

Zhou Y Z, Chown E H, Guha J, 1994. Hydothermal origin of Precambrian bedded chert at Gusui, Guangdong, China: Petrologic and geochemical evidence[J]. Sedimentology, 41 (3): 605–619.

Zhu S, Qin Y, Liu X, et al., 2017. Origin of dolomitic rocks in the lower Permian Fengcheng formation, Junggar Basin, China: evidence from petrology and geochemistry[J]. Mineralogy and Petrology, 111 (2): 267–282.